좋은 부모는 한 끗이 다르다

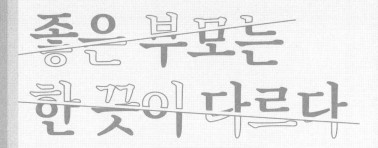

좋은 부모는 한 끗이 다르다

선 넘는 세상에 꼭 필요한 부모 공부

데구치 야스유키 지음 | **김진아** 옮김

북하이브
BookHive

추천사

저자의 전작前作과도 인연이 있어 이 책을 만나게 되었습니다. 범죄심리학자가 쓴 자녀교육서라니 호기심이 들 법하지요. 저자의 약력에 이끌렸던 이유는 범죄를 저지를지 말지의 갈림길에 선 어떤 사람의 발걸음을 돌릴 수 있는 배경에는 부모의 양육 태도가 막대한 영향을 끼치고 있다는 점을 저 역시 인정하기 때문입니다. 우리의 육아는 일면 "미래의 범죄자를 만들지 않기 위한 범죄 예방책"이라 할 수 있다는 저자의 주장에 깊이 공감합니다. 다소 강렬한 표현 뒤에 숨은 저자의 자녀교육 철학을 알면 고개를 끄덕이게 될 것입니다.

이 책은 '이렇게 하면 좋다'라는 자녀교육 성공법에 관한 이야기가 아닙니다. 오히려 반대의 경우인 실패 사례를 분석해 더 건강한 자녀교육을 위한 교훈으로 바꾸고자 한다는 역발상의 취지가 흥미로운 책이고, 그래서 이 책을 추천합니다. 성공만을 드러내 보이는 세상에, 설령

나 자신의 실패가 아니라 해도 실패를 제대로 들여다보고 반면교사反面敎師 삼는 건 '부모 공부'에 언제나 의미 있는 일이니까요. 이 책을 보는 부모님의 양육 태도가 너무 한쪽으로 쏠려 있지는 않은지 점검하는 계기가 되길 바랍니다. 모든 부모의 양육 태도는 어느 방향으로 편중되기 마련이고 완벽한 균형을 가진 육아는 불가능합니다. 부모라면 누구나 이 책에서 제시하는 부모 유형 중 하나에 속하거나 둘 이상의 태도를 보이기도 하지요. 자녀를 바르게 양육하고 싶은 부모라면 자신의 양육 태도가 어느 한쪽으로 치우쳐 있다는 사실을 확인하고 인정하는 동시에, 그것이 어느 방향이든 선을 넘으면 문제가 생길 수밖에 없음을 경계해야 할 것입니다.

만약 지금 자녀교육에 어려움을 느끼는 부분이 있다면, 또는 혹시 내가 불필요한 신념에 사로잡혀 있지 않은지 고민 중이라면 부모 자신을 돌아보는 계기가 될 거라 믿습니다. '부모'인 내가 잘하고 있는지 점검하는 계기를 필요로 하는, 공부하며 성장하는 모든 부모에게 이 책을 추천하고 싶습니다.

이은경(부모교육전문가, '슬기로운초등생활' 대표)

목차

2장   마음이 억눌린 아이
― 찍어 누르면 튕겨 나갑니다

부록   네 가지 부모 유형 체크리스트

종장   부모가 깨달으면 자녀는 얼마든지 달라진다

영화나 드라마가 아닌
현실의 '위험한 육아'

"왜 우리 아이가 이런 짓을!"

절도, 상해, 약물 남용, 특수 사기…. 소년분류심사원[일본에서는 '소년감별소'라고 하나, 이 책에서는 우리나라 기관명으로 대체합니다.]에 근무하던 시절, 범죄를 저지른 청소년의 부모를 만나면 종종 듣던 말입니다. 충격 속에 면회 시간을 기다리던 부모는 아이에게 "왜 이런 짓을 저지른 거니?" 하고 묻고는 황망한 듯 심사원 직원에게 "짚이는 곳이 없네요"라고만 답합니다. 여기서 저는 '내가 모르는 곳에서 애가 제멋대로 나쁜 짓을 저질렀다'라는 부모의 이기적인 태도를 엿볼 수 있었습니다. 물론 비행 그 자체는 부모 몰래 저지른 짓일지라도, 비행에 이르게 된 원인을 거슬러 올라가보면 부모의 '위험한 육아'가 배경인 경우가 많습니다. 부모가 의식하지 못했을 뿐, 위험한 양육 태도를 이어온 결과를 소년분류심사원에서 마주하게 돼버린 겁니다.

비행소년은 대부분 죄를 저지르기 전에 구조 신호를 보냅니다. 그러나 주변에서 그걸 알아차리지 못한 채 어긋난 틈새가 점점 벌어지게 두면, 어떤 계기를 만나 문제를 표출하는 경우가 흔히 있지요. 어린이가 혼자 알아서 나쁜 짓을 저지르는 일은 없습니다. 이건 제가 오랜 세월 동안 심리분석관으로 법무성에서 일하면서, 비행소년과 범죄자들의 심리를 분석해 온 경험을 통해 확신하는 점입니다. 만약 비행소년의 부모가 '우리는 애한테 이렇게나 노력을 기울였는데, 애가 따라와 주지 않고 저 혼자 나쁜 사람이 됐다'라고 생각한다면, 그 아이의 갱생은 매우 어려워집니다. 비행소년의 갱생은 부모가 의식을 전환해 협조해야만 성공할 수 있기 때문입니다.

저는 법무성 심리직으로 소년분류심사원, 교도소, 구치소에서 근무하며 1만 명 이상의 비행소년과 범죄자의 심리를 분석해 왔습니다. 심리분석 시에는 가능하다면 부모

면담을 통해 자녀와의 관계를 꼼꼼히게 이야기 나눕니다. 부모의 면회에 동석할 때도 있지요.

어느 교도소의 조사 센터에서 20대의 젊은 수형자를 분석했을 때였습니다. 세간의 기준으로는 '뛰어난 인재'였지요. 명문대를 나와 대기업에 입사했습니다. 그런 사람이 회사의 돈을 횡령했다가 경찰에 붙잡히고 말았습니다. 그의 이야기를 듣고 제가 주목한 점은, 다른 걸 다 떠나 '나는 옳고 남은 잘못됐다'라는 사고방식이었습니다. '나는 이렇게 뛰어난데 그걸 제대로 평가하지 못하는 회사나 상사에 문제가 있다, 그 사람은 머리도 나쁜데 알랑거려서 상사의 눈에 들었다'라는 식의 말을 늘어놓았지요. 그가 저지른 일을 묻자, 자기가 한 건 횡령이 아니라 못 받은 보너스를 되찾은 것뿐이라고 주장했습니다. 자기 업적을 평가해 주지 않는 회사가 잘못이니, 횡령을 해도 당연하다고 우겼지요. 그뿐만 아니라 '교도소 직원들은 학력도 낮은 주제에 잘난 척만 한다'며 매우 오만한 발언까지 했습니다. 자기 문제는 전혀 돌아보려 하지 않는 모습이었습니다.

나중에 그의 부모와 면담을 하며 제가 무슨 말을 들었을까요?

"우리 잘난 아들을 잘 활용하지 못하는 멍청한 회사는 크게 한번 혼쭐나 봐야 해요."

당사자의 입에서 나온 것과 똑같은 말을 들었습니다. 결국 그는 부모의 가치관을 그대로 물려받은 사람이었던 것이지요. 이제 성인이고 범죄의 책임도 본인에게 있다는 사실은 분명하지만, 지금의 결과가 '본인만 탓할 문제'는 아니라는 생각이 들었습니다. 성인도 이러할진대, 미성년 자라면 더더욱 부모의 가치관에 쉽게 영향을 받을 수밖에 없습니다. 따라서 비행소년의 갱생은 본인 노력도 매우 중요하지만, 보호자도 함께 변화해 나가지 않으면 안 되는 경우가 많습니다.

이쯤에서 비행소년의 심리분석 방법을 간단히 설명하고자 합니다. 일본에서는 20세 미만인 자가 죄를 저지른 경우, 원칙적으로 소년법에 근거하여 소년 재판을 받습니다. 이에 앞서, 필요에 따라 소년분류심사원에 수용되어 약 4주간에 걸쳐 심리분석을 받게 됩니다. 주로 **면담, 심리테스트, 행동 관찰**을 통한 분석이 이루어지지요.

면담에서는 소년이 자라온 가정 및 학교 환경, 경험, 그리고 사건까지의 과정 등을 꼼꼼히 되짚어 봅니다. 경찰

조사와는 달리 여기서는 소년의 '주관적 사실'이 중요합니다. 언제, 어디서, 무엇을 했느냐 하는 객관적 사실을 기록하는 조사가 아니라 어떤 경험을 어떻게 받아들였는지, 그게 어떠한 영향을 끼쳤는지를 묻고 분석합니다. 심리테스트는 그 소년의 인격적 특징이나 가치관 등을 분석하기 위한 검사입니다. 객관적인 지표를 활용하여 측정하고 평가하지요. 행동 관찰은 면담 시간에 관찰하는 부분과 별도로, 그 소년이 주어진 환경에서 어떠한 태도와 행동을 보이는지 관찰합니다. 소년분류심사원 내에서 평소 생활하는 모습을 관찰하는 '통상 생활 관찰' 이외에도, 과제를 주고 처리하는 모습을 관찰하는 '의도적인 행동 관찰'도 있습니다. 예컨대 감상문을 적게 하거나 종이를 찢어 그림을 만드는 구체적인 활동을 부여하면서, 반응이나 과제를 대하는 의욕 등을 관찰하지요. 이런 심리분석 결과로 나오는 분류심사 결과 통지서[일본에서는 '감별 결과 통지서'라고 합니다.]는 가정법원에서 소년의 보호처분을 결정하는 데 매우 중요한 자료입니다. 재판 결과 소년원에 들어가게 되면, 이 심리분석 자료가 갱생 프로그램에 활용되고요. 소년원의 교육 목표는 처벌보다 갱생에 중점을 두는데, 다만 교육 내용은 각자 특성에 맞춰야 합니다. 한

사람만을 위한 맞춤 갱생 프로그램을 짜므로 소년분류심
사원에서 행하는 심리분석은 매우 중요한 역할을 한다고
볼 수 있지요.

　범죄심리학자로서 제가 오랜 세월 해온 일을 간단히 말
씀드렸습니다. 현재는 대학에서 심리학을 가르치면서 뉴
스나 정보 프로그램 같은 방송에 출연해 범죄자의 심리를
해설하는 제가, 왜 하필 '육아'라는 제목이 들어간 책[1]을
쓰게 됐을까요? 쉽게 말하자면 '실패한 육아 사례'를 수
없이 봐왔기 때문입니다. 제가 보고 들은 실패 사례들을
반면교사 삼는다면 현재 사회가 겪고 있는 육아 고민을
덜고, 비슷한 실패를 막는 데 도움이 되지 않을까 생각했
습니다. 그래서 이 책은 '이렇게 하면 좋다'라는 자녀교육
성공법에 관한 이야기가 아닙니다. 어떤 가정에나 다 들
어맞는 성공 법칙을 제시하지도 않고, 그런 노하우가 있
다고 하더라도 제가 여기서 할 이야기는 아닙니다. 오히
려 반대의 경우인 실패 사례, 제가 현장에서 경험한 비행

1　이 책의 원제는 《犯罪心理学者は見た 危ない子育て(범죄심리학자는 보았다
　위험한 육아)》이다.

및 범죄 사례를 분석해 더 건강한 자녀교육을 위한 교훈으로 바꾸고자 함이 이 책의 취지입니다.

본격적으로 이야기를 시작하기 전에 책에서 다룰 양육 태도를 네 가지 유형으로 정리해 보겠습니다. 아이에게 큰 영향을 주는 부모의 양육 태도를 심리학적 관점에서 **'과보호형'**, **'고압형'**, **'맹목적 수용형'**, **'무관심형'**이라는 네 가지로 이름 붙여 분류하려고 합니다. 비단 비행소년의 부모만 이 네 가지 유형에 속하는 것이 아닙니다. 모든 부모가 자녀 양육에 이 가운데 어느 방식을 취할 수 있습니다. 그러니 각 유형 자체를 실패한 양육 태도라고 정의할 수는 없습니다만, 이 네 가지는 어느 유형이든 간에 선을 넘으면 엉뚱한 방향으로 흐르고 맙니다. 따라서 이 책에서는 각각의 유형에 자리한 위험과 자녀 양육 시에 주의해야 할 점을 해설하고자 합니다. 부디 이 책을 보는 부모님의 양육 태도가 너무 한쪽으로 쏠려 있지는 않는지 점검하는 계기가 되길 바랍니다.

1장부터 4장까지는 각 장 서두에 비행 및 범죄 사례를 실었습니다. 균형적이지 못한, 극단적 양육 태도가 드러나는 사례들입니다. 좋지 않은 사례이다 보니, 이런 양육 태도는 나와 전혀 상관없다는 생각이 들지도 모릅니다. 앞서 밝혔듯 실패 사례를 불러온 이유는 자칫하면 그런 쪽으로 빠질 수 있는 위험이 도사리고 있다는 걸 좀 더 선명하게 보여 반면교사 삼으려는 의도입니다. 구체적으로 보아야 이게 완전히 터무니없는 일은 아니겠구나 느껴지는 부분도 있을 테니까요. 물론 제가 실제로 접한 사례를 있는 그대로 제시할 수는 없어서 몇 가지 전형적인 예를 조합하여 만든 가공의 예시입니다만, 조합한 예시들은 모두 사실입니다. 꼭 실제 이야기로 읽어주시면 좋겠습니다. 이 책에는 저의 전작인 《아이를 망치는 말 아이를 구하는 말》(북폴리오, 2023)에서 언급한 내용도 나옵니다. 함께 읽을 경우에는 전작이 부모의 '말'에 주목한다면 이 책은 '양육 태도'에 주목하고 있다는 걸 기억해 주세요. 그럼 본격적으로 이야기를 시작하겠습니다. 독자 여러분께 자녀교육의 지혜를 주는 책이 되길 바랍니다.

저자 데구치 야스유키^{出口保行}

서장

네 가지
부모 유형

양육 태도는 네 가지로 나뉜다

이 책에서는 **위험한 양육 태도**를 네 가지 유형으로 나누어 소개합니다. 심리학 분야에서 오래 활용해 온 '시먼즈^{Symonds}의 분류'를 기반으로 삼았습니다. 구체적으로 '부모의 양육 태도에 관한 유형 분류'라고 합니다. 1939년에 미국의 심리학자 시먼즈가 부모의 양육 태도가 자녀에게 미치는 영향을 조사 연구하면서 분류한 것이지요. 어린이의 성격이나 부모와 자녀 관계에 관한 조사 연구는 이 밖에도 있지만, 시먼즈의 분류가 가장 유명하며 모든 부분

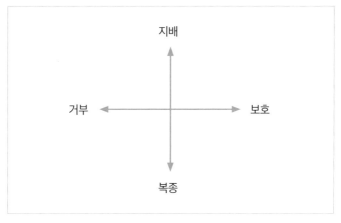

그림 1 양육 태도의 방향성

에서 기본이 된다고 볼 수 있습니다. 시먼즈는 우선 양육 태도의 방향성을 **지배, 복종, 보호, 거부**라는 네 가지로 분류했습니다(그림 1).

지배 자녀에게 명령하거나 강제하는 양육 태도
복종 부모가 자녀의 낯빛을 살피고, 자녀가 원하는 대로 다 해주는 양육 태도
보호 자녀를 필요 이상으로 보호하려는 양육 태도
거부 자녀를 무시하거나 거부하는 냉담한 양육 태도

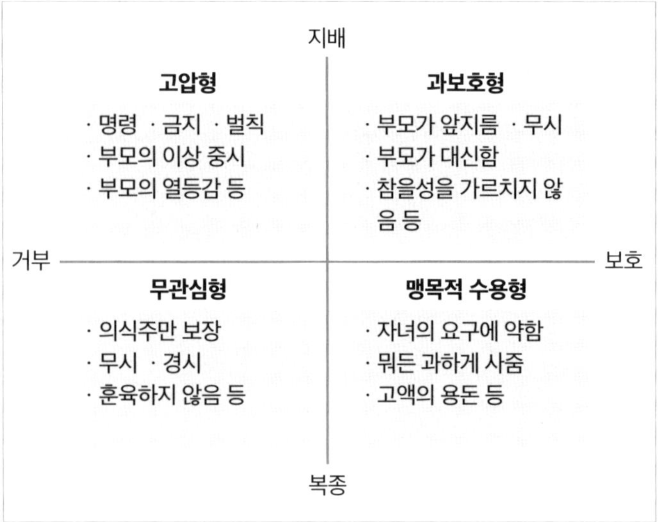

그림 2 네 가지 부모 유형

지배와 복종, 보호와 거부가 각각 반대 방향을 가리키고 있습니다. '지배-복종'이라는 세로축과 '보호-거부'라는 가로축으로 나누면 사분면이 생깁니다(그림 2).

지배 × 거부 = 고압형

자녀를 있는 그대로 받아들이지 못하고 지배하려는 양육 태도. 명령해서 부모의 뜻대로 행동하게끔 한다. 아이는 자주적으로 무언가 해보려는 의욕을 잃고 자기긍정감이 낮아진다.

지배 × 보호 = 과보호형

지나치게 적극적으로 개입하여 자녀를 보호하려는 양육 태도. 아이를 너무 챙겨줘서 자녀의 성장 기회를 빼앗고 만다. 아이는 너무 의존적이고 자주성이 없어지며 비판에 취약해진다.

복종 × 거부 = 무관심형

자녀를 거부하며, 주체적으로 자녀에게 관여하지 않으려는 양육 태도. 부모 자신의 생활이 중심이 되며, 자녀에 관심이 부족하다. 아이는 피해의식과 소외감을 강하게 느끼며, 자기긍정감이 낮아진다.

복종 × 보호 = 맹목적 수용형

자녀의 낯빛만 살피고, 해달라는 대로 다 해주는 양육 태도. 필요한 훈육을 하지 않고, 자녀에게 과제 해결의 기회도 주지 않는다. 아이는 공감능력이 부족해지고 자기중심적이 된다.

대부분 이 사분면처럼 두 가지 방향성의 양육 태도가 겹쳐 나타납니다. 어떤 부모든지 이 사분면 안에 속한다고 볼 수 있지요. 따라서 이 책에서는 **과보호형, 고압형, 맹목적 수용형, 무관심형**이라고 명명한 사분면을 '네 가지 부모 유형'으로 규정하겠습니다.

//////////////////// ⬤⬤⬤⬤⬤ ////////////////////

비행소년의 심리분석에도 활용하는 네 가지 유형

이 단순한 네 가지 유형 분류를 사용하면 자신의 양육 태도나 교육 방침을 되돌아보기 수월합니다. 누구나 많든 적든 자녀를 대하는 태도에 어느 방향으로 '편중'이 있기 마련이지만, 너무 한쪽으로 쏠린 채 내달리지 않도록 자주 자기 점검을 해야 합니다. 점검의 도구로 시먼즈의 분류를 선택한 이유는 이것이 가장 기본적인 분류법이기 때문입니다. 저도 비행소년의 심리분석을 할 때 이 분류는 언제나 머릿속에 기본으로 깔고 가설을 세우는 데 도움을 받았습니다. 제가 다루는 심리학은 가설이 없으면 아예 시작조차 할 수 없습니다. 따라서 이 분류를 활용해 부모와 자녀 관계에 대략적인 가설을 세운 다음, 면담에 임했지요.

원래 심리학은 '과학'의 한 분야입니다. 마음과 행동을 과학적인 방법으로 분석하는 학문이지요. 무작정 조사에 뛰어드는 게 아니라 가설을 세우고, 그에 기초하여 조사한 다음에 검증하는 절차가 기본입니다. 그렇게 얻은 결과를 더욱 좋은 사회를 만드는 데 활용하지요. 버라이어티 방송에 출연하면 때로 출연자의 행동을 관찰한 후에 어떤 심리인지 맞혀보라는 요청을 받습니다. 하라는 대로 하고 근거까지 설명하면 다들 맞혔다며 깜짝 놀라는데, 이를 두고 '답을 맞혔다'라고 표현하긴 어색하다는 생각이 듭니다. 심리학은 점술이나 예언이 아니니까요. 이제까지 수없이 심리분석을 한 경험과 심리학의 이론에 기초한 정밀도 높은 '가설'을 세울 수 있었기에 밝혀낼 수 있을 뿐입니다.

뉴스 보도 같은 방송에서는 종종 "이 범죄자의 심리는 어떻다고 보십니까?"라는 질문을 받아 해설합니다. 이것은 어디까지나 가설을 세우는 단계입니다. 실제로 그 범죄자의 심리분석을 수행한 뒤에 논하는 것이 아니어서 진실인지까지는 알 수가 없습니다. 저 나름대로 가장 가능성이 큰 가설을 제시하는 거라고 보시면 됩니다. 사례마다 가설을 세우는 방법에도 여러 가지가 있는데, '자녀가 품고 있는 문제와 부모의 양육 태도'에 관해서는 이 시먼즈의 네 가지 유형이 매우 큰 도움이 됩니다.

비행소년의 부모는 어떤 유형이 많은가?

소년분류심사원에서 많은 비행소년의 심리분석을 하면서, 비행의 배경에 부모의 양육 태도 편중이 자리한다고 느낄 때가 참 많았습니다. 그러면 네 가지 부모 유형 가운데 어떤 유형이 가장 많을까요?

일반적으로 제일 먼저 떠오르는 게 '무관심형'일 듯한데요, 부모가 자녀에게 아무런 관심도 없고, 아이가 뭘 해도 '난 모른다. 애가 제멋대로 한 일이니까 내 탓이 아니다'라는 식으로 나오는 부모가 실제로 꽤 있습니다. 부모가 이런 태도라면 아이가 책임감을 가지고 뭔가를 배울 수 없지요. 충분한 애정을 받지 못하고 방치되면 비뚤어지기 십상입니다. 그러나 무관심형 부모만이 전부가 아닙니다. 1장부터 각 유형에 해당하는 사례를 소개하게 될텐데, 유형마다 인상적인 사례가 많았습니다. 그러니 '비행소년의 부모는 어떤 유형이 많은가'라는 질문에 답은 '어떤 유형이든 상관없이 골고루 많다'라고 해두지요. **양육 태도가 어느 유형이라도 선을 넘어 극단적으로 치우치면 문제가 생길 수밖에 없습니다.**

그런데 한 가지 흥미로운 자료가 있습니다. 비행소년이 자기 부모의 양육 태도를 어떻게 생각하는지 조사한 자료입니다(그림 3). 이를 보면 약 40퍼센트의 비행소년이 '부모가 너무 엄격하다'는 항목에 '그렇게 생각한다'고 답했지요. 또한 '부모가 나를 신경 쓰지 않는다'와 '부모가 하는 말이 변덕스럽다'는 항목도 그렇다는 답이 30퍼센트가량을 차지합니다. 각 연도에 실행한 조사에서 답이 큰 변화 없이 일정한 비율을 유지하는 결과를 보면, 부모의 양육 태도에 관한 비행소년들의 생각이 매우 보편적이라는 사실을 알 수 있습니다.

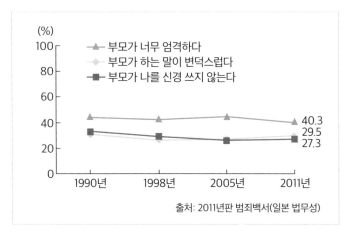

출처: 2011년판 범죄백서(일본 법무성)

그림 3 부모의 양육 태도에 관한 비행소년의 인식

정리하자면, 비행소년은 부모가

- 엄격하다
- 나를 신경 쓰지 않는다
- 변덕스럽다

라는 점에서 불만을 품고 있다고 볼 수 있겠습니다. 이 가운데 '나를 신경 쓰지 않는다'는 척 봐도 무관심과 관

련한 문제임을 바로 알 수 있는데, 그럼 나머지 둘은 어떤 유형의 부모에게 나타나는 문제일까요?

엄격하지 않은데도 엄격하게 느껴지는 이유

우선 '부모가 너무 엄격하다'는 건 어떤 뜻일까요? 네 가지 유형에서 보자면 '과보호형'이나 '고압형'처럼 지배 쪽으로 치우친 양육 태도에 해당합니다. 자녀를 부모의 지배하에 두려고 하다 보니 감시하거나, 정해진 범위에서 벗어날 경우 바로 꾸짖기도 하지요. 아이는 여기에 답답함을 느끼고 도망치려 하다가 비행에 빠지게 됩니다.

엄격함에서 또 한 가지 생각해 봐야 할 점은 훈육의 **적시성 문제**입니다. 적시성이라는 말뜻 그대로, '언제 훈육할 것인가'가 문제라는 이야기입니다. 좀 더 자세히 살펴볼까요?

아이가 무조건 실수를 회피하게 하는 것은 교육에 좋지 않습니다. 단, 아예 처음부터 실수를 하지 않게는 할 수 있습니다. 예를 들어, 아이가 이웃집 정원의 나무에 열린 과

일을 마음대로 따오는 행동을 반복하는 바람에 부모가 이웃에게 싫은 소리를 들었다고 해보죠. 그 사실을 처음으로 알게 된 부모는 보통 "너 뭐 하는 거야! 넌 그런 것도 모르니? 당장 가서 사과드리고 와!"라고 꾸중을 하지요.

하지만 이렇게 되기 전에 함께 동네를 산책하면서 "저기 달린 과일이 참 맛있어 보이네? 그런데 마음대로 따오고 그러면 안 돼"라는 식으로 대화를 했다면, 애초에 허락 없이 남의 집 과일을 따는 일은 벌어지지 않았을 것입니다. 다시 말해, 처음부터 사회의 규칙을 가르쳐주지도 않은 상태에서, 잘못을 저지른 다음에 혼부터 내니까 아이가 부모를 엄격하게 느끼는 겁니다.

적시성의 문제. 그건 사전에 꾸짖는가(정확히는 꾸짖기보다는 훈육하는가), 아니면 사후에 꾸짖는가처럼 부모가 혼을 내는 타이밍이 잘못됐을 수 있다는 뜻입니다. **미리 훈육만 해두었다면 나중에 혼을 낼 필요도 없는데, 사전에 아이에게 일러주지 못해서 벌어진 일을 뒤늦게 꾸짖는 경우가 생긴다는 겁니다. 이렇게 적시성을 자꾸 잃으면 꾸짖는 횟수만 늘어나게 됩니다.** 결과는? '나는 매번 혼만 난다, 우리 부모님은 너무 엄격하다'라고 느끼고 비뚤어지는 아이가 생기지요. 적시성을 놓치는 사례는 '과보호형'이나 '고압형'만이 아니라 평소에 좀처럼 혼을 내지 않는 '맹목적 수용형'과 '무관심형'에도 골고루 해당합니다. 즉, '부모가 엄격하다'라는 아이들의 불만은 네 가지 부모 유형 모두에서 나올 수 있다는 뜻입니다.

변덕스러운 부모와는 신뢰를 쌓기 어렵다

'부모가 하는 말이 변덕스럽다'는 불만 역시 네 가지 유형 모두에서 생깁니다. 평소에는 오래 게임을 해도 별말이 없더니, 어찌 된 일인지 갑자기 "너 언제까지 그렇게 게임만 할 거야!"라고 벌컥 화를 냅니다. 언제는 다 같이 사이좋게 지내라고 하더니 어느 날부터 "저 애하고는 놀지 마"라고 말하기도 하고요. 갖고 싶은 건 사주겠다고 해놓고, 부모님을 재촉했더니 "생각해 보니 안 되겠어"라고 합니다.

아무 이유도 없이 했던 말을 번복하면 아이는 혼란에 빠집니다. 당연한 일이지요. 하는 말이 자꾸 바뀌는 사람을 어떻게 믿을 수 있겠어요?

부모의 마음도 이해하지 못하는 바는 아닙니다. 온갖 정보가 넘치는 시대에 자녀교육에 관해서도 '이렇게 하면 좋다, 저렇게 해보라'는 식의 정보가 수없이 쏟아지니 부모 자신도 어떤 방향으로 나아가야 할지 혼란스럽습니다. 일단 정한 육아 방침에 확신을 갖지 못한 채 '정말 이렇게 하면 되는 걸까?' 하고 불안과 초조함을 느끼며 우왕좌왕할 때가 많을 것입니다.

어떤 가설에 기초해 육아 방침을 세우는 일은 매우 중요합니다. 그 자리에서 즉흥적으로, 기분에 따라 말을 바꾸지 않기 위해서라도 방침은 꼭 필요하지요. 그런데 한 가지 더, 실수를 발견하면 두려워하지 않고 바로잡는 것도 중요합니다. 한번 정한 방침을 끝까지 관철할 절대 이유는 없어요. 가설은 잘못됐을 수도 있으니까요. 잘못됐다고 느낀다면 수정해서 새로운 가설을 세워 나아가면 됩니다. 확실한 정답은 없으니 그렇게 반복하는 수밖에 없습니다. 다만, **수정이 필요할 때는 그걸 아이에게도 제대로 전하는 것이 가장 중요합니다.**

"지금까지는 네가 걱정돼서 뭐든 내가 대신 해주려 했는데, 좀 더 너를 믿어도 되겠다는 생각이 들었어. 앞으로는 바로 돕기보다 가능한 한 옆에서 지켜볼게." 이렇게 태도가 바뀐 이유를 확실히 알려주면 아이도 이해합니다. 그러나 아무 설명도 없이 갑자기 지금까지 해주던 걸 딱 끊으면 아이는 '버림받았다'고 느낄지도 모릅니다. 이런 일이 반복된다면 신뢰 관계가 무너지고 말지요. 부모와 자녀 간의 신뢰 관계를 단단히 구축하는 일을 무엇보다 신경 써야 합니다. 신뢰만 있다면 어느 정도의 문제는 함께 극복할 수 있으니까요.

///////////////// ⬤⬤⬤⬤ /////////////////
편중되지 않는 부모는 없다지만…

신뢰 관계를 쌓을 때 전제는 신뢰를 유지하겠다고 어떤 유형이든 간에 한쪽으로만 지나쳐서도 위험하고, 이유 없는 변덕도 좋지 않다는 것을 깨달아야 한다는 점입니다.

여기서 다시 네 가지 유형을 설명한 그림 2를 살펴보세요. 당연하지만 가장 이상적인 부모는 가로축과 세로축이 교차하는 한가운데에 위치합니다. 균형 잡힌 보호자 밑에서는 아이의 심정이나 감정도 안정되어 마음이 건강하게 성장할 수 있지요. 목표로 삼아야 할 지점이 바로 여기입니다. 그렇지만 현실적으로 항상 그 정중앙에 위치하는 부모는 없습니다. 어떤 때는 아이의 응석을 받아주기도 하고, 어떤 때는 엄하게 나오기도 합니다. 큰애한테는 고압적으로 나가기 쉽지만 막내한테는 뭐든 다 받아주기도 하고요. 부모 각자가 시기와 상황에 따라서, 혹은 자녀에 따라서 양육 태도가 한쪽으로 쏠리는 건 자연스러운 일입니다. 다만 너무 극단적이지만 않으면 됩니다. 다소의 편중이 바로 문제를 일으키는 것은 아니니까요.

그럼에도 육아란 착각이나 편견이 발생하기 쉬운 일입니다. 특히 도시화 및 핵가족화가 진행된 현대에서 가정은 닫힌 공간입니다. 외부 사람이 간섭하면 '남의 일에 참견하지 말라'는 반응만 돌아오고, 애당초 자기 집안 문제를 적극적으로 나서서 이야기하는 사람도 적지요. 그렇기에 스스로 자신의 양육 방식을 되돌아봐야 합니다. 좋을 거라고 생각해서 했던 일이 내 아이를 괴롭히고 있지는 않을까? 문제가 생기고 있는 건 아닐까? 하고요. 이때 시먼즈의 분류처럼 단순한 방식을 활용하면 되돌아보기도 쉬워집니다. 네 가지 유형을 하나의 힌트로 삼거나, 각 유형의 양육 방식을 어떻게 생각하는지 부부끼리 이야기를 나눌 수도 있지요. 예를 들어서 "우리는 지금 아이의 어리광을 너무 다 받아주는 느낌이 들어. 아이의 장래를 좀 더 생각해 훈육하자"라고 부모 둘 다 한쪽으로 치우치지 않도록 배우자와 상의하는 겁니다. 그리고 이제까지 마음껏 게임을 하던 아이에게 "지금까지는 게임 시간을 따로 정하지 않았지만, 밤늦게까지 하다가 아침에 못 일어날 때가 있어서 좋지 않은 것 같아. 처음부터 규칙을 정해야 했는데 그러지 못해서 미안하구나. 어떻게 규칙을 정하면 좋을지 우리 같이 이야기해 볼까?"라고 솔직히 뜻을 전하고요. 이렇게 아이와도 함께 상의해 방침을 수정하고 실천하면서 신뢰를 쌓고, 문제가 발생한다면 다른 가설을 세우는 등으로 또 수정을 해나가면 됩니다.

가설을 기반으로 하는 커뮤니케이션

가설을 기초로 교육 프로그램을 짜 실천하고, 주기적으로 되돌아보며 수정할 점 찾기. 수정할 부분이 있다면 본인에게 그 뜻을 명확히 전달하고 수정하기. 이게 바로 소년원의 교사가 비행소년의 갱생에 활용하는 교육법이며,

실제로도 성과를 내고 있습니다. 소년원에 한정해서만 말한다면, 일본에서 비행소년의 재입소 비율은 10~20퍼센트로 매우 낮습니다. 교사들이 특히 의식하는 부분이 바로 신뢰 관계입니다. '이 사람은 믿을 만하다'라는 생각이 들지 않으면, 아무리 좋은 프로그램이라도 효과를 볼 수 없습니다. 어른은 모두 적이라고 여기는 비행소년도 있으니 진실한 태도로 마주해 '이 사람은 내 편이구나' 하는 이해를 먼저 심어줘야 합니다. 신뢰할 만한 어른이 정말로 나를 생각해서 하는 말임을 아이가 느끼면 그걸 금방 흡수합니다. 아이들이 범한 죄는 무겁고 쉽게 용서받을 수 있는 일이 아니지만, 사람 대 사람으로 믿음을 구축한다면 아이 스스로 죄와 똑바로 마주할 결심을 하고 사회에 복귀할 수 있지요.

신념이 고집이 될 때

이제 서장을 마무리하려 합니다. 마지막으로 한 가지, 양육 태도가 편중되는 이유는 대체 뭘까요? 그건 인간이

'신념'이 강한 존재이기 때문입니다. 신념은 행동의 기폭제나 자신감의 원천이 되어 종종 긍정적인 효과를 낳습니다. 그러나 한편으로는 타인이나 자기 자신을 괴롭힐 때도 있지요.

심리학 용어인 **확증 편향**은 신념과 의미가 가까운 단어입니다. 우리는 때로 진실을 있는 그대로 인지하지 못하고, 보고 싶은 것만 보고 듣고 싶은 것만 듣습니다. 무의식에서 신념을 강화하는 정보만 쏙쏙 골라 모으는 것이지요. '시험을 쳐서 입학하는 중학교에 보내는 편이 아이에게 좋다'라고 생각하는 경우, 중학교 입시 성공담이나 추천 정보만 눈에 들어오게 됩니다. 중학교 입시에 부정적인 정보는 '시대착오적인 말을 하는 사람이 아직도 있다, 실패한 사람의 불만일 뿐이다'라며 배제하고 제대로 받아들이지 않지요. 물론 반대의 경우도 마찬가지입니다. 중학교 입시에 찬성하지 않는 사람은 입시를 반대하는 이유만 눈에 들어오게 됩니다.

신념을 강화하면서 한쪽으로만 움직였다가 좋은 결과를 얻으면 다행이지만, 오히려 괴로워질 때도 많습니다. 편향이 들어간 판단을 해버리면 애당초 합리적이라고 할 수 없기 때문입니다. 지금 예로 든 확증 편향은 **인지 편향**

의 일종입니다. 최근에 다시 인지 편향 연구가 늘어나면서 주목받기 시작해 이 용어를 들어본 독자도 많을 텐데요, 신념이나 사고의 편중, 경험의 한정 등으로 인해 합리적이지 않은 판단을 하는 심리 현상을 통틀어 일컫는 말입니다. 편향이 심해질수록 잘못된 판단을 하기 쉽고, 그게 문제로 이어질 때가 많아집니다.

만약 지금 자녀교육으로(혹은 자녀교육 이외에서도) 어려움을 느낀다거나 고민이 있다면 불필요한 신념에 사로잡혀 있지 않은지 내 자신을 돌아보세요. 어떤 신념은 버리기만 해도 훨씬 편해지니까요. 또한 현재 별 문제가 없다고 하더라도 평소에 나에게 편향된 부분은 없는지 신경 쓰며 점검한다면, 앞으로 생길지도 모를 괜한 괴로움에 시달리지 않을 수 있습니다. '어쩌면 고집에 빠져 있을지도 몰라'라거나 '내가 너무 편중된 생각을 하고 있을지도?' 같은 인식만 있어도 시각이 달라집니다. 이 책에 등장하는 인지 편향 몇 가지를 간단히 소개합니다.

확증 편향 이미 가지고 있는 신념이나 편견과 일치하는 정보를 무의식적으로 모으고, 그 이외의 내용은 모두 무시하는 경향

정상성 편향 비정상적인 사태를 접했을 때 '별일 아니다'라고 마음을 진정시키려는 행동 경향

투명성 착각 자기 사고나 감정이 실제 이상으로 상대방에게 전해진다고 믿는 경향

행위자-관찰자 편향 타인의 행동은 그 사람의 내적 특성에 기인하며, 나의 행동은 환경 등 외적 상황에 기인한다고 생각하는 경향

그럼 다음 장부터 본격적으로 네 가지 부모 유형을 하나씩 살펴보겠습니다. 각 유형 해설을 시작하기 전에 다소 극단적인 사례가 등장합니다. '아무리 그래도 우리 집이랑 비행소년 가정은 사정이 아예 다른데…?'라고 생각할 수 있습니다. 이 역시 일종의 신념입니다.

"왜 우리 아이가 이런 짓을!"

비행소년의 부모에게서 자주 듣는 소리라고 했었지요? 이런 말도 '설마 내 자녀교육이 실패했을 리 없어'라는 신념에서 비롯한 겁니다. 특정한 신념을 배제하고 이 책의 내용을 받아들여 주세요.

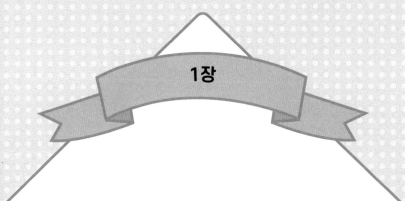

1장

스스로 결정하지 못하는 아이

과보호가 모든 걸 보호할까요?

[죄명] 마약류 소지법 위반
자택에서 각성제를 여러 차례 복용 후, 집을 뛰쳐나와 돌아다니는 등 이상 행동을 벌이다가 주변의 신고로 체포되었다.

....

히로카즈는 오래 기다려 얻은 귀한 아이였다. 20대에 결혼한 부모는 쉽게 아이가 생기지 않아 고민이었고, 특히 어머니가 마음고생이 심했다. 두 사람 모두 아이를 바랐지만 거듭되는 실패에 지쳐 괴로워하고 있었다. 결혼하고 15년이 지나 거의 포기하던 때 기적처럼 얻은 아이가 바로 히로카즈였다. 서른여덟에 아들을 품에 안은 어머니는 너무나도 기뻐서 히로카즈를 소중히 잘 키워야겠다는 생각뿐이었다. 부부에게는 히로카즈가 전부였고 둘째까지는 바라지도 않았다. 그렇게 '아이 중심'의 생활이 시작됐다.

히로카즈에게 무슨 일이 생기기라도 하면 간신히 손에 넣은 꿈만 같은 생활이 망가질까, 부부는 온통 걱정뿐이었다. 바깥에서 놀다가 사고라도 당하면 큰일이라며 실내용 그네와 정글짐을 샀다. 집 안에서, 눈에 보이는 범위

안에서 아이가 놀아야 안심했다. 장난감도 잔뜩 사주었다. 다행히 집에는 경제적인 여유도 있었다. 히로카즈가 한 놀이공원에 관심을 보이자, 당연하다는 듯 연간 이용권을 끊고 매일 데리고 갈 수 있도록 근처로 이사까지 했다.

히로카즈는 어릴 때부터 영유아 학원에 다니고, 입학시험을 쳐서 들어가는 유치원에 입학했다. 부부는 오직 장래에 아들이 고생하지 않도록 해주겠다는 마음으로 대학까지 에스컬레이터 방식[2]으로 바로 진학할 수 있는 유치원을 골랐다. 그리고 어머니는 영유아 학원, 유치원은 물론이고 초등학교 입학에서 졸업까지 아이의 등하교를 함께했다. 하굣길에는 아이가 원하면 그대로 놀이공원에 놀러 가는 일도 많았다. 부모 양쪽 다 무엇이든 기꺼이 도와주고 싶어 해서, 히로카즈는 식사 후에 자기가 쓴 그릇을 치워본 적도 없는 아이로 자랐다. 집에서는 그래도 전혀 문제가 없었다. 히로카즈 본인도 생활에 별 불편함을 못 느꼈고 딱히 불만도 없었다. 그렇게 살아왔다.

히로카즈에게 부모님은 사달라고 하면 뭐든 다 사주고,

---

2   일본에는 유치원에서부터 고등학교 혹은 대학교까지, 에스컬레이터를 타고
    오르듯 동일 계열 법인의 상위 학교 입학이 보장되는 진학 제도가 있다.

무언가 하고 싶다고 하면 다 하게 해주는 사람들이었다. 그렇다 보니 특별히 고맙게 여긴 적도 없었다. 어릴 때부터 그게 매우 당연한 일이었으니까. 반대로 어쩌다 한 번쯤 부모님이 원하는 걸 '해주지 않을 때'는 강한 불만을 품게 됐다. 게다가 히로카즈는 특별하게 관심을 두거나 열정을 쏟는 일도 없었다. 무엇이든 쉽게 얻다 보니 간절히 갖고 싶다고 바라는 것도 없어서, 대충 아무 게임이나 사달라고 해서 그걸로 남는 시간을 보내곤 했다.

고등학생 때, 히로카즈는 문화제 실행 위원이 됐다. 물론 본인이 나서서 하겠다고 한 건 아니었다. 그냥 분위기가 흘러가는 대로 두었더니 실행 위원회 활동을 맡게 됐을 뿐이었다.

"귀찮은 일만 자꾸 떠넘기고 말이야" 히로카즈가 집에서 불만을 터트리자 "그럼 이런 기획은 어떠니?", "아니, 이런 게 더 좋지 않을까?" 하고 부모님이 대신 열심히 아이디어를 짜냈다. 다른 고등학교 문화제는 어떻게 진행하는지 조사까지 해서 아이디어를 정리해 줬다. 아들을 위한답시고 잔뜩 들떠서 돕는 부모님을 바라보면서 히로카즈는 생각했다.

'에이, 내가 딱히 신경 쓸 필요도 없네. 어차피 엄마 아

빠가 어떻게든 다 해주는데 뭘.'

그저 그런 상태로 대학에 가서 학점이 부족해 유급당했을 때는, 추가로 제출해야 하는 리포트 작성도 부모님이 도와줬다. 구직 활동도 적극적이지 않아서, 대학교 4학년 겨울에 들어섰지만 그 어느 회사에서도 합격 소식은 들려오지 않았다. 이때도 보다 못한 아버지가 지인의 회사에 소개해서 아들을 무사히 취직시키는 데 성공했다.

"이제 안심이구나."

아버지는 히로카즈의 등을 토닥이며 말했다.

"집에서도 출퇴근할 수 있는 직장이라 참 다행이야."

어머니도 무척 기뻐했다.

히로카즈는 반쯤 포기하는 심정으로 회사에 들어갔다. '부모님이 없으면 난 어차피 아무것도 못 할 텐데…'라는 생각이 박혀 있다 보니 주어진 일에 전혀 집중하지 못했다. 영업직으로 입사했지만 외근이라는 핑계로 파친코 가게나 들락거리며 시간을 보냈다. 회사에서 특별히 이루고 싶은 일이 없었다. 당연히 영업 실적은 바닥을 쳤다. 상사로부터 몇 번이나 질책을 받았지만, 업무 자세는 좀처럼 나아질 기미가 보이지 않았고 아무리 아버지의 연줄이 있어도 결국 해고되고 말았다. 그 뒤에도 똑같은 상황을 몇 번 반복하다가, 결국 히로카즈는 집에서 빈둥대는 니트족[3]이 되고 만다. 하루 종일 컴퓨터 게임이나 하면서 그냥저냥 시간만 때우고 살았다.

서른이 넘었을 즈음, 인터넷 검색을 하다가 'S'라는 것을 알게 됐다. '강렬한 쾌감, 시간을 잊게 해준다'는 광고 문구가 눈에 들어왔다. 마침 뭔가 자극이 필요했던 히로카즈의 관심을 끌기에 충분했다. 게다가 인터넷으로도 구입할 수 있어서 손에 넣기도 쉬웠다. 주문하자마자 금방 반투명한 가루가 집에 도착했다. 사용 설명서대로 가루를 데워 증기를 들이마셨다. 그 순간이었다. 머리칼이 쭈뼛 설 정도의 강렬한 쾌감이 온몸을 관통했다. 심신에 활기가 도는 기분이 들면서 피로감이 달아났다. 온종일 파친코 가게에 있어도 얼마든지 집중할 수 있을 것 같았다. 히로카즈는 S에 완전히 빠져들고 말았다.

S는 각성제였다. 상습 복용자가 된 히로카즈는 어느 날 집을 뛰쳐나와 미친 듯이 돌아다니는 이상 행동을 벌이다가 결국 경찰에 체포됐다. 교도소에 들어간 히로카즈에

---

3   니트(NEET)는 Not in Education, Employment, or Training의 약자로 교육이나 직업 훈련 등을 받고 있지도 않고 회사에 고용되어 있지도 않은 비노동 상태를 가리킨다.

게 부모님은 뻔질나게 면회를 왔다.

"누가 괴롭히지는 않니?"

"춥지는 않니?"

"배는 안 고프니?"

서른이 넘은 아들에게 사소한 걸 일일이 묻는 모습은 기이하기까지 했다. 이들 가족이 모인 자리에서는 '각성제 복용 정도로 집행유예 판결이 안 나오다니 이상하다, 무슨 재판관이 그 모양이냐'는 식의 대화마저 들렸다.

CASE 해설: 과보호형 양육 태도란?

과보호형 보호자는 자녀 본인이 원하는 이상으로 보살펴 주고 도우려 합니다. 아이가 실패하지 않도록 먼저 나서서 안전을 확보하거나 방해 요소를 미리 제거하기도 하지요. 그 결과, 아이는 원래라면 발달 과정에서 익혀야 할 **문제 해결 능력**을 습득할 수 없습니다.

늘 자녀를 눈길이 닿는 곳에 둔 채 지극한 보호 아래에서 키우고 싶다는 마음이 지나치면 나중에는 보호를 넘어 지배하고 아이를 감시하게 됩니다. 이미 아이가 스스로 판단할 수 있는 나이가 되어도, 부모가 자기 판단에 따라 지원을 이어갑니다. 결국 아이는 의존을 당연시하게 돼 **자립심**을 기를 수 없지요. 자녀가 도움을 구하는 모습에서 부모로서 큰 가치를 느끼는 경우라면 **공의존** 상태에 빠지기 쉽습니다. 자녀는 부모에게 기대고, 부모는 그런 자녀의 모습에 의존해 자신의 가치를 확인하며 필요 이상으로 서로 의존하면서, 좀처럼 그 상황에서 빠져나오지 못합니다.

과보호형 부모의 아이는 인내하는 경험이나 실패에 대처하는 경험이 적다 보니 스트레스에 내성이 부족해집니다. 실패 원인을 내 안에서 찾아내지 않고, 남이나 상황 탓으로 돌리기도 쉽지요. 히로카즈가 회사에서 겪었듯 실패를 책망이라도 받으면 의기소침해져서 아무것도 하지 못할 뿐만 아니라, 꾸짖는 사람에게 공격심을 품고 인간관계를 아예 닫아버릴 때도 있습니다.

스스로 성장할 기회를 얻지 못하는
과보호형 부모의 아이

히로카즈의 부모는 전형적인 과보호형이었습니다. 무엇이든 자녀보다 앞서 나가 일을 해치우고, 자녀가 실패라도 하면 얼른 뒤처리까지 다 해주었습니다. 아이가 사랑스럽고 소중하니까 그렇다고 하지만, 도가 지나치지요. 예컨대 히로카즈의 어머니는 아들이 아무렇게나 벗어 던진 옷가지를 말없이 주워 빨래하고 깔끔하게 개어 방에 놔두었습니다. 아직 어릴 때까지는 그래도 괜찮겠지요. 하지만 초등학생 정도 되면 빨랫감 정돈 같은 자기 주변 일은 스스로 할 수 있습니다. 빨래 걷기와 개기, 서랍에 잘 정리하기 등 가능한 범위에서 집안일을 돕는 아이들이 주변에 많을 거예요. 아이가 자라는 동안 그런 기회를 주지도 않고, 어른이 되어서도 어머니가 빨래를 개어주는 건 일반적인 상황이라고 보기 어렵습니다. 어머니가 가정부냐고 타박을 주고 싶을 정도예요. 히로카즈의 어머니는 그 밖에도, 학교에 가져갈 준비물을 매일 확인해 주었고, 숙제를 해주는 일도 일상다반사였습니다.

놀이공원 근처로 이사하거나, 유치원에서 대학까지 연이어 진학할 수 있는 진로를 택한 것 자체는 가족의 상황에 따라 특별히 문제가 되지는 않습니다. 오히려 좋은 점도 있지요. 다만, 모든 일을 부모가 앞장서서 다 해결해주니까 이상해지는 겁니다. 하나하나의 요소가 그리 큰일로 보이지 않더라도, 전체로 보면 성장 과정에서 균형을 크게 잃는 것이지요. 이래서는 아이 스스로 과제를 해결하는 능력을 기를 수가 없습니다. 문제에 직면하는 일도 거의 없고, 본인이 힘들이지 않아도 뭐든 잘 넘어가는 게 당연한 세상에서만 살기 때문입니다.

히로카즈는 자기 일이 잘 풀리지 않으면 '부모님의 도움이 부족해서'라고만 생각했습니다. 늦잠을 자서 학교에 지각이라도 하면 '어머니가 일찍 깨워주지 않아서 그랬다'거나 '왜 준비물을 챙겨주지 않느냐'며 화를 냈지요. 실패 원인을 늘 타인과 환경 탓으로 돌리니 스스로를 개선할 수가 없었습니다.

평범한 아이였다면 문화제 실행 위원이라는 과제가 성장의 기회였을 테지요. 아이디어를 내고 다른 사람의 의견을 듣는 등, 시행착오를 거치면서 여러 가지를 배웠을 겁니다. 그 경험을 통해 자신감도 얻었을 게 분명합니다.

그런데 '아이가 귀찮아하는 일로 고생하게 놔두고 싶지 않다'라는 마음만 강한 부모님이 대신 모든 걸 다 해주는 바람에 아들에게서 소중한 기회를 빼앗고 말았습니다.

공의존하는 부모와 자녀

과보호형 부모가 키우는 아이는 좀처럼 자립할 수 없습니다. 동시에, 부모도 정신적으로 자립했다고 볼 수 없음을 깨달아야 합니다. 과보호형 부모는 **아이를 의존하게 만듦으로써 자신의 욕구를 충족하고 있으며, 아이가 더 이상 자신에게 의존하지 않는 미래를 두려워하는 상태**입니다.

히로카즈의 어머니는 기적처럼 얻은 아들을 너무 소중히 여긴 나머지 '계속 내 곁에 두고 싶다'고 생각했습니다. 아이가 자립해서 부모 곁을 떠나는 게 싫었던 것이지요. 늘 뭔가를 해주고 싶어서 아이의 도움 요청을 기다립니다. 유급당해서 추가 리포트를 써야 하는 것도, 혼자서 직장을 구하지 못하는 것도 전부 '반가운' 도움 요청이었습니다. 어머니는 대신 어떻게든 해줘야겠다고 의욕이 넘쳤지요. 물론 아이가 어려운 문제에 부딪쳤을 때 돕는 건 지극히 당연합니다. 그러나 도움을 주는 방법이 잘못됐어요. 우선은 이야기를 들어보고, 어떻게 난관을 극복해야 하는지 함께 고민했어야 합니다. 그렇지 못한 부모여서 히로카즈는 의존에서 벗어날 수가 없었지요. 부모와 자녀가 서로 지나치게 의존하는 상태, 즉 '공의존'에 빠지고 말았습니다.

공의존이란 특정한 상대와 서로 필요 이상으로 의존하며, 그 관계성에 사로잡혀 있는 상태를 의미합니다. 이는 연인 관계에서도, 교우 관계에서도 일어날 수 있지만, 부모 자식 사이에서는 부모가 아이를 자신에게 의존하게끔 만듭니다. 아이의 의존에서 자신의 존재 가치를 찾아내므로 부모도 아이에게 의존하는 꼴이 되지요.

,,,,,,,,,,,,,,,,, 03 ,,,,,,,,,,,,,,,,,
자기 결정이 행복을 좌우한다

부모의 말만 잘 들으면 된다고 여기며 자라는 아이는

자기 결정 능력을 키울 수 없습니다. 자기 결정 능력은 말 그대로 스스로 판단하고 결정하는 능력이지요. **자기 결정이 학력이나 소득 이상으로 행복감에 영향을 준다**는 연구 결과도 있습니다(Kazuo Nishimura and Tadashi Yagi, 2019. Happiness and self-determination – An empirical study in Japan, Review of Behavioral Economics, Vol. 6 (4) , pp. 312-346). 학력이나 소득이 높은 사람보다 스스로의 선택과 결정으로 이루어진 인생이라고 느끼는 사람의 행복도가 더 높다는 겁니다.

자기 결정 능력은 하루아침에 배울 수 있는 게 아닙니다. 아이에게 갑작스럽게 큰 문제를 스스로 결정하라고 하면 힘들지 않겠습니까? 유소년기부터 작은 선택과 결정을 반복하면서 자신감을 붙여가야 자신이 결정 내리는 힘이 키워집니다.

'오늘은 추울 것 같으니까 겉옷을 입자.'

'피아노 발표회에서 칠 곡은 어려워도 이 곡으로 하자.'

이렇게 조금씩 '스스로의 판단으로 결정하는' 경험을 늘려가야 합니다. 자기가 결정한 일이라야 책임감도 생기고, 성취감도 얻을 수 있습니다.

교도소 수감자들을 살펴보면 종종 자기 결정 능력이 없

는 이들이 있습니다. 남에게 물어보지 않으면 판단할 수도 없고 결정을 내리지도 못합니다. 실제로 예순 살, 일흔 살을 먹고도 스스로 판단을 내리지 못하고 우왕좌왕하는 사람이 있으니 놀라울 따름입니다. 그런 사람에게 '지금까지 누구한테 물어서 일을 결정했느냐'고 질문했더니, '아버지가 살아 계실 때는 아버지가 하라는 대로 했고, 아버지가 돌아가신 후부터는 친척 어른들에게 물었다'는 답이 돌아옵니다. 기회가 와도 스스로 결정하려 하지를 않아요. 본인 인생이 걸린 출소 후 계획마저 혼자 정하지 못합니다. 아이가 자라는 동안 자기 결정 능력을 키우지 못하면 아무리 세월이 지나도 이렇게 되고 맙니다. 나이를 먹는다고 자연히 스스로 결정할 줄 알게 되지는 않습니다. 따라서 작은 일부터 스스로 선택하고 결정하는 경험을 미리 해두는 것이 매우 중요합니다.

04
헬리콥터 부모 또는 컬링 부모

아이를 항상 감시하고 과한 간섭을 하는 부모를 **헬리콥**

터 부모라고 합니다. 헬리콥터가 공중에 떠서 주변을 빙빙 맴돌듯, 부모가 아이 주변 상황을 늘 예의주시하다가 문제가 발생하면 바로 달려가 도움을 주는 모습을 빗댄 표현이지요. 미국에서 생겨난 단어로, 2000년대에 들어서면서 사회 문제로 널리 알려졌습니다. 원래는 고등학생 이상의 아이를 지나치게 보호하고 관리하려 드는 부모를 가리키는 말이었으나, 지금은 나이와 상관없이 자녀의 일에 관리나 개입이 과하다고 여겨지는 부모를 일컫습니다.

물론 아기 때는 항상 아이의 상태를 지켜보다가 무슨 일이 생기면 바로 도와주어야 합니다. 조금이라도 눈을 때면 큰 사고가 날 수 있고, 생명과 직결되는 문제가 터질 수도 있으니 마음을 놓아서는 안 되는 시기이지요. 그러나 어느 정도 성장해 스스로 할 수 있는 일이 늘어나면 그때부터는 멀리서 지켜보는 태도를 취해야 합니다.

일반적으로 초등학교 고학년 정도가 되면 사생활을 의식합니다. 혼자서 조용히 행동하고 싶은 욕구가 강해지고, 또한 심적으로 자립해 자율적으로 생활하고 싶어집니다. 이런 시기까지도 부모님의 시선이 항상 따라다니는 느낌을 받으면 스트레스가 쌓일 수밖에 없지요.

제가 심리분석을 했던 비행소년의 부모 가운데도 헬리

콥터 부모가 적지 않았습니다. M 군은 사생활이 전혀 없다 싶을 정도로 항상 어머니의 통제를 받았습니다. 집에서는 방을 혼자 쓰지 못하게 했고, 어디를 가더라도 어머니가 따라다녔습니다. M 군이 싫다고 해도 어머니는 전혀 양보하지 않았습니다. 어머니 입장에서는 그저 아들을 위험에서 지킨다는 생각뿐이었지요. 아들이 어디서 무엇을 하는지 파악해 두지 않으면 걱정이었던 겁니다. 교우 관계를 확인해 조금이라도 문제가 생기면 "그 애랑 어울리지 말아라"라고 말했습니다. M 군이 같은 반 여학생을 좋아하게 되어 공부에 집중을 못 하자, 어머니는 그 여학생의 부모에게 연락해 우리 아이와 어울리지 않게 해달라고 할 정도였습니다. 당연하게도 M 군은 답답해서 견딜 수가 없었지요. 결국 고등학생 때 가출해서 폭주족 무리와 어울리다가 상해 사건으로 소년분류심사원에 들어가게 됐습니다.

M 군의 어머니는 아이보다 앞서서 대체 어떤 문제의 싹을 잘라내려고 했던 걸까요? 이런 과한 간섭을 하는 부모 밑에서는 결국 문제가 터질 수밖에 없습니다. 이 사례는 극단적일지도 모르지만, M군의 어머니와 비슷한 행동을 하는 부모가 꽤 있습니다. 예쁘고 사랑스러운 내 아이를 험한

세상에서 지킨다는 생각에서 비롯된 양육 태도라도, 혹시 선을 넘고 있지는 않는지 수시로 점검해야 합니다.

헬리콥터 부모와 비슷한 개념으로, 덴마크에서 나온 **컬링 부모**라는 말도 있습니다. 컬링 경기를 보면 빙판을 브러시로 쓱쓱 문지르면서 스톤이 나아가는 길을 만드는 선수가 있지요. 항상 자녀에 앞서서 장애물을 처리하는 부모의 모습이 그와 흡사합니다. 헬리콥터든 컬링이든, 아이의 주변을 맴돌거나 앞서 나가며 성장 기회를 빼앗는 과보호형 부모를 문제시하는 두 용어가 혹시 내 모습을 가리키는 건 아닌지 아이의 입장에서도 이미지를 떠올려 보면 좋겠습니다.

/////////////// 05 ///////////////

누구를 위한 도움인가?

과보호하는 양육 태도를 보이는 이유는 두말할 필요 없이 자식 걱정 때문입니다. 근본에 자리한 건 아이를 소중히 여기는 깊은 마음이지요. 매우 훌륭한 마음가짐인 걸 모르지 않습니다. 굳이 걱정을 그만두라는 이야기도 아닙니다. 다만 걱정하면서 **지켜보는** 겁니다. 다행히 과보호를 경계해 자신이 걱정이 많은가 고민하는 부모도 상당히 많은데, 걱정이 많아도 상관없습니다. 오히려 그래서 더욱 할 수 있는 일이 있으니까요. 위험이나 실패를 예견해서 적절한 대응책을 마련해 두는 것까지만 한다면 걱정이 많아도 장점이 됩니다.

아이가 혼자 전철을 타고 통학하는 게 걱정이라면, 사전에 함께 경로를 확인해 두거나 문제가 생겼을 때 어떻게 하면 좋을지 미리 이야기해 놓습니다. 아이 스스로 방학 숙제를 계획적으로 진행하는 게 어려워 보이면, 이거 하자 저거 하자 부모가 주도하거나 대신 숙제를 해줄 게 아니라 "언제까지 무엇을 해두는 게 좋을까?" 하고 물어서 아이의 생각을 듣고 일깨워 주세요. 이런 식의 도움을 적극적으로 주면 됩니다. 부모가 개입하지 않으면 처음에는 아이가 불안해할 수 있겠지만, 부모가 자신을 믿는다는 걸 알면 아이에게 큰 힘이 되고 불안감을 느끼는 고비를 넘길 수 있습니다. 통제하면서 함께 행동하거나 대신 어려운 숙제를 해주는 것은 굳이 따지자면 다 부모 자신을 위해서입니다. 자신의 걱정을 줄이고 싶은 것이지요. 혹은 '내가 아이를 보살펴 주고 있다'라는 자기만족을 위해서입니다.

염두에 두어야 할 건 **'누구를 위한 도움인가'라는 점입**
니다. 아이가 곤란해하니까 돕는 것인가, 아니면 곤란해하
는 아이와 같이 있자니 내가 신경 쓰여서 도와주는 것인
가 판단해야 합니다. 나서서 아이를 돕기 전에 '진짜 누구
를 위해서인가? 도와주지 않는다면 아이의 성장과 연결이
되는가?' 등을 잠시 멈춰서 생각해 보는 게 좋습니다.

,,,,,,,,,,,,,,,,,, 06 ,,,,,,,,,,,,,,,,,
아동의 발달 단계

아이의 성장 기회를 빼앗지 않고도 잘 자라도록 도우려
면 어떻게 해야 할까요? 저명한 발달심리학자 에릭슨[Erikson]
이 제창한 '발달단계이론'을 참고로 살펴보겠습니다.

에릭슨은 유아기부터 노년기까지를 여덟 단계로 나누
어, 각 시기에 맞는 과업을 제시했습니다. 그 시기의 과
업을 달성함으로써 이룩한 성장을 바탕으로 다음 단계의
인생에 필요한 일들을 익힐 수 있다는 이론입니다. 반대
로 과업을 달성하지 못하면 정상적인 발달이 저해됩니다.

일본의 문부과학성에서는 이러한 발달심리학 지식에 기초하여 아동의 발달 과업을 다음과 같이 채택하고 있습니다. 문부과학성 홈페이지에 나온 자세한 사항을 바탕으로 제가 일부 내용을 변경해 소개합니다.

① 영유아기

이 시기의 발달	이 시기에 중시할 과업
• 보호자 등 특정 어른과의 지속적인 관계로 애착을 형성하고, 타인을 향한 신뢰감을 키운다. • 가까운 사람이나 물건, 환경과 깊은 관계를 맺고, 흥미와 관심을 넓혀 인지력 및 사회성을 키운다. • 식사, 배설, 수면 등 기본적인 생활 습관을 획득한다. • 또래와의 놀이를 통해 도덕성이나 사회성 기반을 형성한다.	• 애착 형성 • 타인을 향한 기본적인 신뢰감 획득 • 기본적인 생활 습관 형성 • 충분한 자기 발휘와 타인 수용에 의한 자기긍정감 획득 • 도덕성이나 사회성이 싹트는 또래와의 놀이 등을 통한 충실한 체험 활동

② 학령기(초등학교 저학년)

이 시기의 발달	이 시기에 중시할 과업
• 어른이 하는 말을 지키면서, 선악 판단과 이해를 할 수 있다. • 언어 능력과 인지력이 높아진다.	• '사람으로서 하면 안 될 일'에 대한 지식과 감성을 키우는 일, 집단이나 사회 규칙을 지키는 태도 등 선악 판단이나 규범의식의 기초 형성 • 자연이나 아름다움에 감동하는 마음 기르기

③ 학령기(초등학교 고학년)

이 시기의 발달	이 시기에 중시할 과업
• 사물을 어느 정도 대상화하여 인식한다. • 자기긍정감을 갖기 시작하는 시기지만, 발달의 개인차가 현저해지면서 열등감이 생기기 쉽다. • 집단의 규칙을 이해하여 집단 활동에 주체적으로 관여하기도 하고, 놀이 등에서는 직접 규칙을 만들어 지키게 된다. 폐쇄적인 또래 집단이 발생할 때도 있다. 이 시기가 소위 말하는 '갱 에이지gang age'에 해당한다.	• 추상적인 사고에 대한 적응이나 타인의 시점 이해 • 자기긍정감 육성 • 자신과 타인을 존중하고 타인에 대한 배려 육성 • 집단에서의 역할 자각이나 주체적인 책임 육성 • 체험 활동 실시 등 실제 사회에 흥미 및 관심을 갖는 계기 만들기

④ 청소년 전기(중학교)

이 시기의 발달	이 시기에 중시할 과업
• 사춘기에 접어들면서 스스로 삶의 방식을 모색하기 시작한다. • 어른과의 관계보다 교우 관계에 더욱 강한 관심을 보인다. • 성性 의식, 이성에 관심이 높아진다.	• 인간으로서 삶의 방식에 기초하여 개성과 적성을 탐구하는 경험을 통해 자신을 되돌아보고, 스스로 과업을 마주하여 자기 본연의 자세를 사고하기 • 사회 일원으로서 타인과 협력하며 자주적인 생활을 영위하는 힘 육성 • 법과 규칙을 의무로 이해하며 공중도덕 자각

⑤ 청소년 후기(고등학교)

이 시기의 발달	이 시기에 중시할 과업
• 부모의 보호에서 벗어나 사회에 참여하고 공헌하며 자립한 성인으로 이행하는 시기. 성인의 사회에서 어떻게 살아갈 것인지 진지하게 모색한다.	• 인간으로서 존재 방식, 삶의 방식에 기초하여 개성과 적성을 키우고, 삶의 방식을 고민하며 주체적인 선택과 진로 결정 • 타인의 선의나 도움에 감사하는 마음과 보답 • 사회 일원임을 자각하는 행동

어때요, 대개 '하긴 그런 시기이긴 하겠다'라고 이해할 만한 내용이지 않나요? 다만 결코 쉬운 과업이라고는 할 수 없습니다. 고민하고 괴로워하면서 극복해 나가야 하는 과업도 있을 거예요. 따라서 부모가 지켜봐 주는 게 중요합니다. 과업 자체나 달성 기회를 빼앗지 않도록 주의하면서 말이지요. 과보호형 부모는 아이가 집단 속에서 역량을 발휘할 기회를 빼앗거나, 혹은 자립하여 자기 일을 스스로 하도록 아이를 가만 놔두지 않습니다. 교우 관계나 연애사에도 참견하고, 그 시기에 필요한 관계 형성 기회를 빼앗을 때도 있지요. 아무리 아이가 걱정되더라도 꾹 참고 '지금은 이런 과업과 마주해야 하는 시기구나. 그러니까 본인이 노력하는 모습을 지켜만 보자'라고 마음을 다잡을 필요가 있습니다.

앞서 언급한 발달 단계별 특징과 과업은 어디끼지나 대략적인 기준입니다. 아동의 발달에는 개인차가 있으니까요. '중학생이나 됐는데 교우 관계도 부족하고, 이성에도 관심이 없는 것 같다'라고 생각해서 초조한 마음에 굳이 과업을 주려 하지는 말아야 합니다. 그저 우리 아이는 아직 그럴 시기가 아닐지도 모릅니다. 발달이 서서히 이루어지더라도 그 아이에게 맞는 시기에 제대로 과업을 마주할 수만 있다면 아무런 문제도 없습니다. 따라서 발달 단계의 대략적 기준은 도움받는 정도로만 기억해 두고, **눈앞의 아이를 자세히 관찰하는 게 가장 정확하다**는 걸 기억하시기 바랍니다.

07
욕구불만 내성을 높이려면

부모 입장에서 도와주고 싶은 걸 꾹 참기란 매우 힘든 일입니다. 참을성이 필요하지요. 아이를 조마조마 지켜보는 것보다 아예 도와주는 쪽이 더 속 편하게 느껴질 때가 수없이 많을 겁니다. 이때 **욕구불만 내성**을 기억하세요.

욕구불만 내성이란 내 마음대로 일이 흘러가지 않을 때 그 불만 상태를 참아내는 힘을 뜻합니다. 그저 참기만 하는 게 아니라 대처하는 방법을 고려해서 대응하는 힘도 포함합니다. 이는 독일의 심리학자 로젠츠바이크^{Rosenzweig}가 제창한 개념입니다.

욕구불만 내성은 성장 환경에 크게 영향을 받습니다. 욕구불만 내성이 약하면 내 뜻대로 일이 되지 않을 때 상황에 잘 대처하지 못하고, 공격성을 보이거나 회피하려는 경향을 보이기 쉽습니다. 그게 비행 및 범죄로 나타날 때도 있지요. 앞서 사례로 등장한 히로카즈 역시 욕구불만 내성을 제대로 형성하지 못했습니다. 부모가 늘 먼저 나서서 욕구를 채워줬고, 뜻대로 일이 풀리지 않을 때도 히로카즈가 대처를 생각하기 전에 부모가 어떻게든 문제를 해결해 주었기 때문입니다. 결국 자신의 욕구를 참고 제대로 대응하는 경험을 쌓지 못했습니다.

어릴 때를 한번 떠올려 보세요. 부모님이 갖고 싶은 걸 사주지 않아서 꾹 참거나, 학교나 학원에 가고 싶지 않아서 또는 시험 점수가 생각보다 낮게 나와서 부모님에게 어떻게 말을 꺼내나 고민하는 등 크고 작은 문제를 해결할 방법을 찾으려 한 경험이 누구에게나 있습니다. 이는 실로 중요한 경험입니다. 인생은 내 뜻대로만 흘러가는 게 아니니까요. 특히 사회로 나가면 다양한 사람들과 얽혀 지내며 양보하거나 때로는 참기도 해야 합니다. 회사를 예로 들어봅시다. 업무 성과가 나지 않는다, 원래 내가 하고 싶었던 일이 아니다 등의 욕구불만 상태에 빠졌을 때 그걸 어떻게 해결할까 생각해야 합니다. 앞서 우리는 히로카즈가 이에 잘 대처하지 못하고 문제를 회피하다가 회사에서 해고당하고, 다른 회사에서도 비슷한 상황만 반복하다가 이내 집에 틀어박혀 지내는 걸 보았습니다. 히로카즈가 성장 과정에서 욕구불만 내성을 키울 수 있었다면 '좀 더 힘내서 해보자'라든가 '내가 하고 싶은 일을 찾아 처음부터 다시 시작하자' 등 건전한 대처법을 찾아보았겠지요. 어릴 때부터 작은 인내나 상황에 대처하는 경험을 쌓아야 욕구불만 내성이 높아집니다.

직접 나서서 아이를 도와주고 싶을 때는 부모의 욕구불만 내성도 기억해야 합니다. **과보호형 부모는 부모 자신의 욕구불만 내성이 낮을 가능성이 큽니다.** 따라서 아이에게 도움을 주고 싶은 욕구를 꾹 참고 적절하게 대처해야 합니다. 어른은 스스로 훈련할 수 있습니다. 욕구를 조금씩 누르고 아이를 지켜보는 시간을 늘려나가며 부모 자신의 욕구불만 내성을 높여야 합니다.

08

외부를 탓하는 아이와 자신을 벌하는 부모

'회사에서 해고된 건 나한테 맞지 않는 일자리를 소개한 아버지 잘못이다.'

'각성제밖에 즐길 거리가 없는 사회가 나쁘다.'

히로카즈는 **외부를 탓하는 사고**에 사로잡혀 실패 원인을 자신에게서 찾지 못했습니다. 무슨 문제가 발생하면 부모 잘못이다, 학교가 잘못이다, 사회가 잘못이다 등 원인을 자기 바깥에서 찾는 사람들이 있습니다. 과보호형 부모 밑에서 도움받는 걸 당연하게 여기며 자라면 이렇게 외부 탓을 하는 사고에 빠지기 쉽습니다. 일이 잘 풀리지 않으면 주변의 도움이 부족해서 그렇다는 생각을 하게 되지요.

이에 반해 실패나 문제의 원인을 자신에게 돌리는 방향으로 사고하는 사람들도 있습니다. 기본적으로는 실패 원인이 자신에게 있다고 여기는 편이 인격적으로 성장하기 쉽습니다. 내가 변화시킬 수 있는 건 오직 나 자신뿐이며, 남을 바꿀 수는 없으니까요.

영업 업무로 성과를 내지 못했을 때 상품이 나빠서 안 팔린다거나 고객이 멍청해서 이해를 못 한다는 식으로 생각하면 문제 개선이 어려울 겁니다. 그렇지만 '내가 이 부분을 잘 설명하지 못해서 고객에게 전해지지 않았다'라거나 '고객의 이야기에 귀를 기울이지 않아 신뢰를 얻지 못한 것 같다' 등 자신의 실수를 찾는다면 개선할 수 있습니다. 다만 자신을 탓하는 사고도 과하면 문제가 생깁니다. 자기 혼자서는 어찌할 도리가 없는 경우도 있습니다. 남의 책임까지 자신이 다 짊어질 필요는 없어요. 딱 잘라 선 그을 줄 아는 자세도 필요합니다.

히로카즈의 부모님은 과보호형이면서도 면회를 와서 '제대로 된 판사를 못 만났다'는 식의 말을 한 걸로 미루어 외부를 탓하는 성향으로 보이지만, 제가 보아온 **과보호형 보호자 중에는 지나치게 자신을 탓하는 사람이 많았습니다.** 아이에게 무슨 일이 생기기만 하면 곧장 자기 탓으로 여깁니다. 아이를 도와주지 못한 내 잘못이다, 희망을 못 준 내가 나쁘다… 아이에게 이것저것 다 해주면서도 항상 죄책감을 품고 삽니다. 그래서 아이에게 "스스로 해봐"라고 말하지 못하고 자신이 해주는 일을 반복합니다.

"이건 아이의 숙제지, 부모님 숙제는 아니잖아요?"

비행소년의 부모를 면담하며 몇 번이나 했던 말입니다.

"하지만 제가 해주지 않으면 애가 못 하니까… 그건 다 저 때문이에요…."

불필요한 죄책감이 마음을 지배하니 악순환이 거듭되는 문제를 올바르게 인식하지 못하는 듯 보였습니다. 이렇게 필요 이상으로 자신의 탓을 하면 아이에게도 올바른 사고방식을 심어줄 수 없겠지요. 과도하게 자신을 탓하는 부모 밑에서 오히려 아이는 외부 탓을 하는 성향으로 자랄 수 있다는 점을 유념해야 합니다.

//////////////////// **09** ////////////////////
남 탓으로 돌리는 아이와 대화하기

아이들은 흔히 실패나 문제를 남 탓으로 돌립니다. 하면 안 된다는 말을 들었는데도 주차장에서 공을 가지고 놀다가 이웃의 차에 흠집을 냈다고 합시다. "주차장에서 놀면 안 된다고 했잖아!"라고 혼내면 "○○이가 같이 놀자고 했단 말이야"라거나 "나는 이쪽으로 공을 던졌는데 ○○이가 차 쪽으로 공을 찼어"라고 대답할지도 모릅니다. 이럴 때 무조건 "남 탓은 하지 마!" 또는 "변명하지마!"라고 고함쳐 봤자 문제는 해결되지 않습니다. 아마 아이는 부모님이 내 말을 들어주지 않는다는 불만만 품고 자기 잘못이 아니라고 계속 주장하겠지요. 혹은 반성하는 척만 할 뿐입니다.

비행소년들 가운데는 반성하는 척에 능한 아이가 아주많습니다. 어릴 때부터 자주 꾸중을 듣고 살아서 일단 사과하면 상황을 모면할 수 있다고 생각합니다. "죄송합니다. 이제 다시는 안 할게요"라고 얌전히 말하면서 속으로는 '메롱' 하고 혀를 내밉니다. 그리고 결국 똑같은 짓을 반복하지요. 마음 깊은 곳에서 '내성內省'이 전혀 이루어지지 않았기 때문입니다.

내성은 반성과 조금 다릅니다. 내성이란 자기 자신의마음과 마주하여 자신의 말이나 생각을 되돌아보고 객관적으로 분석하는 것입니다. 깨달음을 얻는 것이 목적이지요. 깨달음을 얻으려면 내 마음과 똑바로 마주해야 합니다. '아니야! 내 잘못이 아니라고!'라고 외치면서는 자기 마음을 제대로 마주할 수 없습니다.

다시 주차장 공놀이로 돌아가서, "○○이가 놀자고 해서 그랬구나" 아니면 "이쪽으로 공을 던지면 괜찮을 줄 알았구나"라고 **우선은 변명을 있는 그대로 들어주면서 수용**해 주세요. 그렇게 의견을 들어주면 아이는 안심합니다. 여기서 그치지 말고 자기 마음을 깨닫도록 이야기를 더 이어나가게 해줍니다. "주차장에서 놀자는 말을 들었을 때 이러면 안 될 것 같다는 생각은 들었어. 근데 주차장 벽에 공을 던지며 노는 게 재밌어서… 그러다가 그만하자고 말하는 타이밍을 놓쳐서…"라는 식의 말이 나오면 아이도 깨닫고 있는 겁니다. 이렇게 내성함으로써 '다음에 또 주차장에서 놀자는 말을 들으면 공원에도 공 던지기 좋은 벽이 있으니까 거기서 하자고 해야겠다'라는 개선책도 스스로 찾을 수 있을 거예요.

진입 장벽이 낮아진 약물 범죄

히로카즈는 온라인으로 각성제를 쉽게 손에 넣을 수 있

었습니다. 약물 사례를 다룬 김에 전문가 입장에서 약물 범죄의 현 상황을 짚고 넘어갔으면 합니다.

한때 각성제 같은 약물은 쉽게 구할 수 있는 물건이 아니었습니다. 약물을 취급하는 폭력조직 등과 접촉해야 했지요. 10대 청소년들 사이에서는 시너 정도가 접근 가능했습니다. 별생각 없이 손을 댄 시너는 뇌 수축과 신체 기능 장애 등 여러 문제를 불러왔습니다. 시너가 원인으로 발생한 사고나 중독사, 자살 등이 보도되며 사회 문제가 됐지요. 그 뒤에 독극물 단속법 개정으로 규제가 강화되면서 시너 사용은 줄어들었으나, 각성제 등의 약물은 외국인을 통한 입수 루트가 늘어나 오히려 진입 장벽이 낮아졌습니다.

요즘은 온라인에서 구입하는 경우가 흔해, 굳이 수상한 인물한테 접근하기 두려운 사람도 컴퓨터 앞에만 앉으면 되니 맘만 먹으면 구하기가 쉽습니다. 평범한 봉투에 담겨 마치 우편물이나 택배처럼 받아볼 수 있기도 하지요. 그냥 평범하게 살던 사람들도 손을 대기 쉬운 환경인 겁니다. 특히 최근 증가하는 약물은 바로 대마초입니다. 검거 추이를 보면 대마 단속법 위반이 대단히 증가했음을 알 수 있습니다(그림 4).

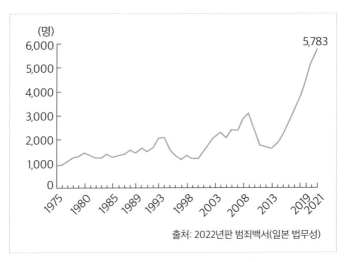

(명)

6,000

5,000

4,000

3,000

2,000

1,000

0

5,783

1975 1980 1985 1989 1993 1998 2003 2008 2013 2019 2021

출처: 2022년판 범죄백서(일본 법무성)

그림 4 대마 단속법 위반의 검거 추이

해외에서는 대마초를 합법으로 인정한 곳도 있어서 입수가 매우 쉽습니다. 한편 대마초는 더욱 위험한 약물 남용으로 이어지기 쉬워서 '게이트웨이 드러그^{Gateway Drug}'라고 부르기도 합니다. '한 번쯤은 괜찮겠지'라고 생각한다면 오산입니다. 한 번이라도 손을 대면 그 앞에 기다리는 큰 위험과 마주치게 될 겁니다. 불법 약물을 팔려는 쪽은 어떻게든 구매자를 늘리고 싶으니 듣기 좋은 말만 건넵니다. "한 번만 해봐. 영 아니다 싶으면 그만두면 되지", "술이나 담배보다 오히려 몸에 덜 나빠"라며 권하는 자들도 있어요. 심지어 '각성제는 100번까지는 괜찮고, 대마초는 1,000번까지 해도 괜찮다'는 근거 없는 소문마저 돕니다. 절대로 그렇지 않습니다. 저는 단 한 번의 복용만으로도 이상 상태에 빠지는 사람을 수도 없이 봐왔습니다.

━━━━━━━━━━━━━ **11** ━━━━━━━━━━━━━

인간의 범주에서 벗어나는 공포

각성제 사용으로 소년분류심사원에 들어간 중학교 2학년 여학생 K는 바짝 마른 몸에 체중은 겨우 20킬로그램밖에 되지 않았습니다. 그런데도 엄청난 힘으로 날뛰곤 했습니다. 남자 셋이 제압하기도 힘들 정도였지요. 붙들어 놓지 않으면 K는 벽에 머리를 부딪쳐서 크게 다치거나 자칫하면 생명이 위험할지도 모를 만큼 착란을 일으켰습니다. 참으로 무서운 광경이지 않습니까? 수감 생활을 하면 더는 약물에 손을 댈 일이 없으니까 증상이 나아지지 않을까 싶겠지만 전혀 그렇지 않습니다. 플래시백(재연 현상)이라고 해서, 약물을 복용하지 않아도 환각이나 망상 등의 증상이 나타날 때가 있어요. 복용 없이 몇 년이 지나도 증상이 발생합니다. 착란 상태에 빠져 괴성을 지르거나 날뛰는 일도 생기지요. 평범한 사람은 알기 힘든 모습을 여기서 말하는 이유가 있습니다.

약물 복용 후 회복해서 복귀했다는 연예인을 미디어에서 볼 때가 있을 겁니다. 복귀 후의 연예인을 기용해 '약물이 이렇게나 무섭다'라며 계몽 의식을 심어주려는 경우가 있는데, 솔직히 그런 의도는 대중에 전혀 전해지지 않을 거라 봅니다. 오히려 '노력하면 회복도 가능하구나' 하는 생각을 하지 않을까요? 현실은 미디어에 나갈 수 있을 정도로 회복하는 사람이 거의 없습니다. 대부분은 그대로 망가지고 말지요. 그야말로 인간이 아닌 무엇인가가 되고 맙니다. 더는 인간으로 되돌아갈 수 없습니다. 뇌세포가 완전히 망가진 상태이기 때문입니다. 교도소 안에서 그저 죽음만을 기다릴 뿐이에요. 약물 남용의 끝은 교도소나 병원 직원밖에 볼 일이 없고, 너무도 끔찍해서 외부로 전해지지 않는 것뿐입니다. 다시 한번 강조하지만, 약물 중독만큼은 '갱생할 수 있다'고 말하기 참 어렵습니다.

12

약물 남용은 '피해자 없는 범죄'가 아니다

약물 남용은 피해자가 없는 범죄라고 하는 사람들이 있습니다. 절도든 상해 사건이든 범죄에는 피해자가 있지만, 약물에서는 복용자 자신만 이상해질 뿐이지 특별한 피해자는 없다는 주장이지요. 제가 면담한 범죄자 및 비행소년 중에도 '피해자가 없으니까 괜찮지 않나, 다른 범죄와는 달리 그 누구에게도 폐를 끼치지 않았다'라고 여기는 사람이 적지 않았습니다.

아니, 절대로 그렇지 않습니다. 이 경우, 대부분은 가까이 있는 가족이 피해자입니다. 복용자 본인이 망가지는 모습을 보는 가족들의 심정은 얼마나 괴로울까요? 어떻게든 약물을 끊게 하고 싶지만 실로 엄청난 에너지를 써야 합니다. 들키지 않으면 괜찮은 문제가 아닙니다. 약물을 사겠다고 가족에게 돈을 요구하거나 생활비로 약을 사대면, 분명 가족에게 피해를 주게 됩니다. 그러다 경찰에 붙잡히면 주변에서 '약물 범죄자의 가족'이라는 손가락질까지 받게 되니 가족들이 피해를 입는 것 아니겠습니까?

약물로 인한 환각 등 정신 이상으로 남에게 위해를 가하는 일도 있습니다. 그럴 마음이 없어도 사고를 저지르고 맙니다. 도로에 뛰어들어 교통사고를 일으킬 때도 있고, 레스토랑에서 괴성을 내지르며 영업 방해를 하기도 합니다. 그리고 불법 약물 매매로 얻는 이익은 반사회적 세력의 자금원이 됩니다. 간접적으로도 피해자를 낳는다고 할 수 있지요.

나 혼자 다 짊어질 수 있다, 다른 사람과는 상관없는 일이다 생각할지도 모르지만 그렇지 않습니다. 피해자가 없는 범죄는 존재하지 않아요. 이건 형사법상의 개념과는 다른 문제입니다. 저는 이 관점을 '피해자가 없으니 괜찮다'고 주장하는 약물 복용 비행소년에게 몇 번이나 일러주었습니다.

13
약물에 잘 빠지는 현실 도피형과 쾌락 추구형

히로카즈처럼 불법 약물에 잘 빠지는 사람은 크게 두 유형으로 분류할 수 있습니다. **현실 도피형**과 **쾌락 추구**

형입니다.

　나쁜 일을 잊으려고 약물에 빠져드는 게 '현실 도피형'입니다. 스트레스 원인에 대처하려 하지 않고, 얼른 해방될 궁리만 합니다. 그런 사람들 대다수가 대마초를 복용합니다. 대마초는 '다우너 계열'의 대표적 약물로, 취하면 멍한 상태에 빠지고 맙니다. 반면에 각성제는 '어퍼 계열'로, 자극이 강하고 흥분을 주어, 며칠이나 잠을 자지 않아도 활동할 수 있을 듯한 착각에 빠집니다. 현실을 잊고 싶어 자극이 강한 각성제를 원하는 이들도 있지만, 여기에는 주로 '쾌락 추구형'의 사람이 빠져들기 쉽습니다. 쾌락 추구형 약물 복용자는 강한 자극과 쾌감을 찾아 몇 번이나 복용을 반복합니다. 그리고 부족해지면 더욱 강한 약물에 손을 대기 쉽고, 복용 기간이 길어지는 경향이 있습니다. 스릴을 좇아 절도를 반복하는 것도 쾌락 추구형 범죄입니다. 처음에는 작은 것 하나만 슬쩍하지만, 점차 대담하게 물건을 대량으로 훔치며 절도 성과를 가지고 집단끼리 서로 경쟁하는 행위 등으로 자극을 높입니다.

　앞선 사례에서 언급한 히로카즈도 쾌락 추구형이었습니다. 특별히 몰두할 일도 없고 게으른 생활을 하던 가운데, 손쉽게 얻을 자극만 찾고 있었지요. 히로카즈에게 왜 각성제에 손을 댔느냐고 물어보니 '평소 생활이 재미없어서'라는 대답이 돌아왔습니다. 원인은 자신의 흥미와 관심을 자유롭게 키울 기회가 없었던 성장 배경에 있습니다. 항상 부모가 앞서서 뭐든 제공해 주니 자신이 진정으로 좋아하는 게 무엇인지, 어떤 일을 해야 즐거울지 생각해 볼 기회가 없었던 겁니다.

사람은 누구든 자극을 바라는 부분이 있습니다. 이를 심리학에서는 **감각 추구 성향**sensation seeking이라고 합니다. 이런 성향이 있기에 새로운 일에 도전하고 인생을 풍요롭게 만들 수 있지요. 긍정적인 감각 추구 기회를 부여받지 못하면, 즉 개인의 흥미와 관심이 억제되거나 도전 기회가 박탈되면 나쁜 방향으로 자극을 찾을 수도 있습니다. 각성제 남용이 바로 그 예입니다. 그러니 자녀의 공부나 안전을 핑계 삼아 무엇이든 다 금지하는 건 좋은 양육 방식이 아닙니다.

14

남 탓하는 사고는 약물 범죄로 이어지기 쉽다

현실 도피형이든 쾌락 추구형이든 남 탓하는 사고를 가진 사람은 약물에 빠지기 쉽습니다. 이들은 지금 처한 상황에 불만이 있을 때, 타인이나 사회 탓으로 돌리기만 하지 스스로 어떻게든 해결해 보겠다고 생각하지 않습니다. 현실을 바꿀 수 없다면 차라리 여기서 도망치자는 마음뿐이지요. 그 도피처가 약물이 되는 겁니다. 쉬운 자극을 원하는 것도 스스로의 힘으로 인생을 즐겁게 살 수 있다는 생각이 없는 까닭입니다.

이미 언급했듯이 극단적인 과보호 속에서 자라면 아이는 남을 탓하는 사고에 빠지기 쉬워집니다. 그러다 어떤 계기로 인해 약물에 손을 댈 수도 있지요. 이를 막으려면 어떻게 해야 하는 걸까요?

'이상한 웹사이트에 접속하지 못하도록 컴퓨터나 스마트폰을 감시해야 하나?'

'나쁜 친구들과 어울리지 못하도록 교우 관계를 살피고 조정할까?'

모두 효과가 없을 겁니다. 영원히 감시하고 보호하는

건 불가능하니까요. 돌아서 가는 길처럼 보여도 아이가 스스로 문제 해결을 할 수 있도록 돕는 게 가장 중요합니다. 물론 걱정이 될 수밖에 없지요. 하지만 부모란 원래 걱정하는 존재라고 딱 잘라 생각하는 수밖에 없습니다. 그렇게 마음먹고 아이가 각 성장 시기의 과업을 제대로 해낼 수 있도록 지켜봐 주어야 합니다. 아이가 잘 대처하지 못하고 고민한다면 절대 부모가 나서서 해주지 말고 대신에 아이의 고민이 무엇인지 이야기를 들어주시기 바랍니다.

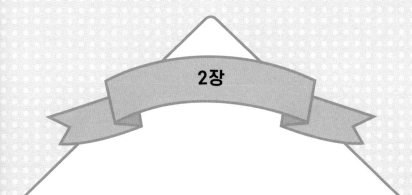

2장

마음이 억눌린 아이

찍어 누르면 튕겨 나갑니다

[죄명] 사기(특수 사기)

우체국 직원을 사칭해 피해자의 집을 방문하여, 현금이 든 봉투를 받아 코인로커에 넣는 아르바이트로 수입을 얻었다.

도모야는 도쿄에 있는 대학에 진학해 혼자 살기 시작하면서 자유를 만끽하고 있었다. 그런데 실은 학교에는 가지 않고 아르바이트만 전전했다. 파친코에 빠져 있었기 때문이다. 부모님이 주는 생활비로는 부족해 휴학계를 내고 일해야 했다. 게임 센터에 있는 파친코 게임의 재미에 빠진 게 도박 중독의 계기였다. 부모님과 살 때는 게임 센터에 절대로 갈 수 없었다. 그러다 보니 혼자 살게 되자마자 가보자는 생각이 들었다. 도박성 게임에 빠지면서 진짜 파친코 가게에서 해보고 싶다는 충동을 억누르지 못하고 도박장에 드나들게 됐다. 초보자에게 흔히 온다는 운이 도모야에게도 작용했다. 덕분에 겨우 천 엔으로 오만 엔이라는 큰돈을 땄다. 재미있는 게임도 하면서 돈까지 벌 수 있다니! 꿈만 같은 놀이라고 느낀 도모야는 이렇게 파친코에 푹 빠지고 말았다. 쉽게 번 오만 엔은 순식

간에 사라졌고, 도모야는 이걸 다 복구하겠다며 생활비와 아르바이트비 모두를 쏟아부어 가면서 파친코 가게에 다녔다.

부모님은 도모야가 그런 생활을 하는지 상상도 못 했다. 대학에서 열심히 공부만 하는 줄로 믿었다. 아버지의 바람은 언제나 아들이 좋은 대학을 졸업하고 대기업에 취직해 세계에서 활약하는 사람이 되는 것이었다. 아버지가 이루지 못한 꿈이기도 했다. 도모야의 아버지는 간절히 대학에 가고 싶었지만, 가정의 경제 사정으로 뜻을 이루지 못하고 고등학교 졸업 후에 지방 공무원이 됐다. 지금 직위는 계장이다. 직장에서 대졸 직원들에게 이래저래 뒤로 밀리는 경우가 많아서 '내가 대학만 나왔더라면…' 하며 늘 창피함에 사로잡혔다. 장남인 도모야한테는 자신과 같은 일을 겪게 하고 싶지 않았다. 아이의 입장이야 어쨌든 명문대에 가서 좋은 회사에 입사하는 길이 도모야에게 최선이라고 생각했다.

아버지는 틈만 나면 도모야에게 지시를 내렸다. 아들이 초등학생 때부터 "채소 위주로 먹어야 건강해진다", "운동도 필요하니 축구를 해라" 일일이 개입했다. 도모야가 중학생이 되어서도 생활에 이래저래 간섭하며 제어하려

들었다. "게임은 해도 되지만 학업과 연관 있는 종류로만 해", "통금 시간은 반드시 지켜라", "옷은 이걸로 입어라"…. 그뿐만 아니라 공부 관련 지시에는 더욱 열을 올렸다. "남들보다 몇 배는 더 열심히 공부해라", "이제 놀러 그만 다니고 시험에 집중해"라며 명령조로 지도하는 게 일상이었다.

남의 눈과 체면도 심하게 따졌다. 눈에 띄는 행동이라도 하면 "사회에서 널 어떻게 볼지 신경 써라"라는 말이 대번에 나왔다. 초등학생이었던 도모야가 친구들과 싸우면 무조건 도모야를 엄하게 꾸짖었다. "아니야, 걔가 먼저 나를…"이라고 해명하려던 도모야의 말을 무시하고 상대방 부모에게 사과부터 하러 갔다.

어머니 역시 아버지의 교육 방침에 반론을 제기하지 않았다. "배우자로는 공무원이 좋다"라는 말을 들으며 자란 어머니는 공무원인 남편을 매우 존경했고, 가정 내의 여러 의사 결정과 자녀교육 방침은 남편의 뜻을 따르는 게 올바른 선택이라고 여겼다. 남편이 시키는 대로 아들의 감시 역할을 맡을 때도 많고, 아버지의 지시를 따르지 않는 도모야를 꾸짖기도 했다. 강요하는 부모 밑에서 도모야는 숨 막히는 생활을 했다. 그 와중에 여동생들을 보면 더욱 불만이 쌓였다. 누가 봐도 부모님은 도모야에게만 엄했지, 동생들한테는 한없이 너그러웠기 때문이다. 도모야가 휴대전화를 갖고 싶다고 했을 때 아버지는 쉬이 허락해 주지도 않았을뿐더러 뭔지도 모를 계약서 같은 것까지 쓰게 했지만, 동생들은 원하면 무엇이든 쉽게 얻어냈다.

'왜 나만 이렇게 힘들어야 하지?'

도모야는 강한 불만을 품고 있었지만 부모님이 늘 덧붙이던 "이게 다 널 위해서야"라는 말의 무게감에 반항조차 못 했다. 한편으론 부모님의 기대가 기쁘기도 했다. 잔소리가 심한 부모이긴 했지만, 시키는 대로만 하면 별다른 문제가 없는 것도 사실이었다. 도모야는 건강하고 활기찼으며 축구도 제법 잘하는 데다 성적도 좋았다.

그런 도모야가 중학교 2학년 때 처음으로 부모님과 감정적인 충돌을 했다. 수업 준비물을 깜박했는데 옆자리 친구인 마나가 조용히 물건을 빌려줬다. 미안해하며 고마웠다고 인사를 하자, 마나는 "아니, 괜찮아. 무슨 어려운 일 있으면 언제든 말해"라며 생긋 웃었다. 그 뒤에도 마나는 도모야를 신경 쓰며 도와주곤 했다. 마나가 천사처럼 느껴졌다.

"다음 주에 애들 다 같이 쇼핑몰에서 논다는데, 도모야너도 올래? 거기에 게임 센터랑 노래방도 있대."

마나가 같이 놀자고 한 건 기뻤지만 아버지가 허락해 줄 리가 없었다. 집에 와서 휴대전화로 마나에게 "미안해. 우리 부모님이 좀 성가셔서. 자꾸 공부하라는 잔소리만 해. 놀러 가긴 힘들 것 같아"라고 메시지를 보냈다. 마나는 "그래, 많이 엄하시구나"라며 싫은 소리를 하지 않고 도모야의 이야기를 잘 들어주었다. 그날 이후, 둘은 매일 메시지를 주고받았다. 마나에게 호감을 품게 된 도모야에게 매우 행복한 시간이었다.

그런데 어느 날 아버지가 대뜸 말했다.

"마나라는 애랑 사귀지 말아라."

"뭐……?"

"그런 짓 할 틈이 있으면 공부나 해. 요즘 성적도 안 좋잖아. 알겠니?"

아버지는 놀란 도모야에게 몰아붙이듯 자기 할 말만 하고 나가버렸다.

'어떻게 아버지가 마나를 알고 있지?'

도모야는 부모님에게 좋아하는 여자애 이야기를 한 적이 없었다. 학교에서도 마나와의 교제를 아는 친구는 거의 없다. 설마 휴대전화를 몰래 훔쳐본 걸까? 분노로 몸이 떨렸다. 도모야는 부모님의 방으로 가서 고함쳤다.

"내 휴대전화 마음대로 봤지? 아무리 부모라고 해도 그렇지 이건 좀 너무하잖아!"

어머니는 도모야의 휴대전화를 확인했다는 사실을 인정했다. 이상하거나 위험한 사이트에 접속하지 않았는지 감시하는 데 그치지 않고, 어떤 친구랑 무슨 대화를 나눴는지 살펴봤다고 말이다. 아버지는 코웃음을 쳤다.

"이게 다 널 위해서야. 부모로서 당연한 권리지."

도모야는 절망했다. 이 사람들한테는 무슨 이야기를 해도 소용없었다. 마나와의 사이는 어색해졌고, 곧 둘은 자연히 멀어졌다.

그 사건 이후 도모야는 표면적으로는 아버지의 명령을 거역하지 않으면서, 대학 진학과 동시에 집을 나가겠다는 목표를 세웠다. 도쿄에 있는 대학에 가면 자유의 몸이 될 수 있다. 공부 자체에는 별로 관심을 두지 않았고, 독립 외에 특별히 하고 싶은 일도 없었다. '기왕이면 지금까지 금지됐던 일을 꼭 해보자'라는 마음뿐이어서 혼자 살기 시작하자마자 파친코에 빠져버렸다.

어느 날, 파친코 가게에서 비슷한 또래의 다케루가 도모야에게 말을 걸었다.

"쉽게 돈 벌 수 있는 아르바이트가 있어."

다케루도 도모야와 마찬가지로 파친코에 돈을 쏟아붓느라 주머니 사정이 좋지 않았다. 그런데 그 고액 아르바이트로 큰 도움을 받고 있다고 했다. 온라인으로 지시를 받아 시키는 대로 움직이기만 하면 한 번에 십만 엔이나 벌 수 있다고 한다. 그것도 지정된 주소에 사는 사람으로부터 종이봉투를 받아서 그걸 코인로커에 넣기만 하는 간단한 작업이었다. 다케루는 불법 웹사이트를 보여주면서 실없이 웃었다.

'이건… 혹시 위험한 일 아닐까?'

도모야는 범죄의 냄새를 감지했다. 하지만 모른 척하기로 했다. 무슨 일이 생기면 '그런 설명은 못 들었다, 나는 전혀 몰랐다'고 말하면 되니까. 그렇게 생각하니 주저함이 싹 사라졌다. 이런 좋은 제안을 그냥 무시할 수는 없었다. 도모야는 몇 번이나 범행을 저질렀다. 아르바이트를 시작한 지 3개월 정도 지났을 무렵, 도모야는 경찰에 체포되어 소년분류심사원에 들어갔다. 면회를 온 부모님은 크게 화를 냈다.

"하지 말라는 게 뭔지 그렇게나 가르쳤는데 넌 대체 내 말을 듣기는 했냐!"

"우린 널 그런 식으로 키운 적 없어!"

부모님은 도모야를 책망하기만 했다.

CASE 해설: 고압형 양육 태도란?

고압형 부모는 아이를 지배해 오직 부모의 말대로만 움직이게 하려는 경향이 있습니다. 어떻게든 속박하며 사소한 일에도 간섭합니다. 지시를 따르지 않으면 벌을 줄 때도 많지요. '~하지 않으면 이런 큰일이 생긴다'라는 공포심을 불러일으키는 행동도 벌주는 예라고 볼 수 있습니다.

고압형 부모는 학력이나 직장 등 사회적 평가와 이어지는 부분에 특히 간섭이 심합니다. 또한 부모가 가진 열등감을 자녀에게 투영하여 이를 보상받으려 합니다. 전부 체면을 따져서 생기는 일입니다.

이런 부모의 아이는 늘 부모의 낯빛을 살피느라 자주적, 적극적으로 어떤 일을 해보려는 의욕을 기르지 못합니다. 실패라도 하면 '원래부터 내 판단에 따라 한 일이 아니다'라며 남을 탓하는 태도를 드러내게 되고요. 자신의 존재를 인정받지 못한다는 생각이 강하고, **자기긍정감이 낮은 특징**도 보입니다.

아이의 마음을 무시하고 일방적으로 명령한다

도모야의 아버지는 고압형 부모의 전형입니다. '~해라' 라는 명령과 '~해서는 안 돼'라고 금지하는 말투가 바로 고압형임을 드러냅니다. 게다가 그것이 매우 일방적인 게 특히 문제입니다. 도모야의 희망과는 상관없이 모든 선택은 아버지의 가치관에 따릅니다.

'채소를 먹어야 건강해진다' 정도는 부모 대부분이 하는 잔소리겠지만, '운동으로는 축구를 하라'거나 '옷은 이걸 입으라'는 지시에는 다소 위화감이 느껴집니다. 부모의 취향을 강요할 뿐이지 아이의 마음은 무시하고 있지요. 그러다 보니 도모야는 당연히 불만을 품을 수밖에 없었습니다. 하지만 이 한마디, "다 너를 위해서야"라는 말을 들으면 반항조차 할 수 없었지요. 장남인 자신이 좋은 대학과 회사에 들어가길 기대하는 부모님의 마음을 알고 있었습니다. 물론 기대받는 자체는 기쁜 일이었지요. 그래서 도모야도 마음속에 불만을 품은 채로 부모님이 하는 말을 잘 듣는 '착한 아이'로 자랐습니다.

도모야가 중학교 2학년 때 처음으로 화를 내며 불만을

쏟아냈을 때가 기회였습니다. 이때 부모가 딱 알아차려야 했지요. 그건 도모야의 명백한 SOS였던 겁니다. 아이의 이야기를 제대로 들어주고 교육 방침만 수정했더라면 후에 큰 문제가 발생할 위험성은 분명 줄었을 겁니다. 한번 마음의 문을 열고 나서는 다소 문제가 있더라도 잘 대처해서 극복하지 않았을까요? 그렇지만 부모가 아들의 말을 전혀 들을 생각이 없었기에, 도모야는 크게 실망하여 부모님에게 신뢰를 완전히 잃고 말았습니다. 그래서 표면적으로만 시키는 대로 따를 뿐, 언젠가는 집을 나가 자유롭게 살겠다는 생각만 품었지요. 소년분류심사원에서 면담할 때 도모야는 '마나와의 교제를 비열한 방법으로 부정당했다, 부모님은 정말 저질이다'라며 부모를 향한 분노를 격한 어조로 쏟아냈습니다. 도모야에게는 상당히 큰 충격으로 각인된 사건이었다는 걸 뚜렷하게 알 수 있었습니다. 부모에게 적대감에 가까운 감정을 품고 있어서, 이 경우에는 부모와 자식 간의 조정이 매우 어렵겠구나 느꼈지요.

교육과 세뇌는 종이 한 장 차이

　도모야는 고압적인 부모님으로부터 도망치기로 했습니다. 그러나 도망조차 칠 수 없는 사람들도 있지요. 극도로 고압적인 부모 밑에서는 심리적으로 구속되어 부모가 시키는 대로밖에 움직일 수 없습니다. 외출이나 쇼핑 등 모든 일에 부모의 허락이 필요하고 행동에 제한이 따릅니다. 부모의 말은 절대적이고 말대답은 꿈도 꿀 수 없어요. 통제에서 벗어나려고 하면 벌을 받습니다. 이런 식으로 지배당하면 아이는 항상 부모의 낯빛만 살피기 시작합니다. 자기가 먼저 적극적으로 행동하지 못하고, 하고 싶은 일이 있더라도 우선 '부모님은 어떻게 생각할까'부터 고민하지요. 그리고 점차 스스로 생각하기를 그만두고 무엇이든 지배자가 시키는 대로 움직이게 됩니다. 결국에는 아예 '도망치고 싶다'라는 마음조차 없어지고 맙니다. 그야말로 **세뇌** 상태입니다.

　세뇌 또는 마인드 컨트롤이라는 수법은 이제는 없어진

종교인 통일교 관련 뉴스[4]에도 최근 자주 등장했고, 일본에서는 옴진리교 사건을 통해 처음으로 널리 알려졌습니다. 천재, 수재라고 불리던 젊은이들이 사이비 종교에 다수 입교하여 '지하철 사린 가스 사건' 외에 흉악한 범죄를 차례로 일으킨 배경에 바로 마인드 컨트롤이 있었습니다. 일반적인 시각에서 보면 왜 저렇게 머리 좋은 사람들이 비정상적인 행동을 저질렀을까, 이상하다는 생각은 안 들었나 의구심이 생기지만, 지배에 놓인 사람은 무엇이든 지배자가 시키는 대로밖에 행동하지 못합니다. 당시는 제가 도쿄 구치소에서 근무할 때라 다수의 옴진리교 관계자를 심리분석했습니다. '이걸 하지 않으면 나쁜 일이 생긴다, 이 집단을 나가면 끔찍한 일이 기다린다'라고 오랜 기간 반복적으로 세뇌된 그들의 모습을 보고, 저는 지배에서 벗어나기가 얼마나 어려운지 실감했습니다.

2016년에는 지바대학의 학생이 여중생을 아파트에 2년이나 감금했던 사건도 있었습니다(아사카 소녀 감금 사건). 이 사건이 미디어에 보도됐을 때 '왜 2년이나 도망칠

---

4   2022년 아베 신조 전 총리 피살 사건의 피고 야마가미 데쓰야가 범행 동기로 통일교를 언급하며 관련 보도가 급증한 일을 말한다.

생각을 하지 못했는가?'라는 점이 큰 논란거리였습니다. 아파트에 이중 삼중으로 잠금장치가 달려서 절대로 밖에 나갈 수 없었던 상황도 아니고, 바로 앞이 지바대학이라 도움을 구하려면 구할 수도 있는 환경이었기에 제기된 의문입니다. 심지어 여학생 혼자 물건을 사러 나갈 때도 있었습니다.

"그 여학생은 왜 도망치지 않았던 걸까요?"

당시 저는 여러 매체에 불려가 몇 번이나 이 질문을 받았습니다. 마치 도망가지 않았던 피해자 탓 아니냐는 식으로 묻는 곳들에서는 커다란 안타까움을 느꼈지요. 그 아이는 심리적으로 구속당한 상태라 도망갈 수가 없었습니다. 이건 전혀 이상한 현상이 아닙니다. 더군다나 여학생을 감금한 대학생은 "내가 제일 대단하다고 생각하는 사람은 옴진리교 교주 아사하라 쇼코"라고 말하기도 해, 마인드 컨트롤에 지식이 있다는 사실을 알 수 있었습니다. 유괴 초기 단계에서 아이에게 공포심을 심어주고, 도망치면 큰일이 난다고 세뇌해 심리적인 구속을 가했던 겁니다. 굳이 물리력으로 구속하지 않아도, **심리적인 구속에서 벗어나기란 매우 어렵습니다.**

세뇌는 어디에서나 일어난다

세뇌는 사이비 종교 집단 같은 데서나 사용하는 수법이라는 이미지가 강하지만, 실상은 특별히 기술을 배우지 않아도 얼마든지 쓸 수 있습니다. 상대방을 고압적으로 대하며 명령하고, 벌을 주는 등으로 공포심을 자극하면 되니까요. 거짓말까지 섞으면 효과는 더욱 강력해집니다. 그러니 가정에서도 충분히 일어날 수 있지요.

2020년, 친구처럼 지내는 아는 엄마에게 세뇌당한 어머니가 자신의 다섯 살 아이를 굶어 죽게 방치한 사건이 있었습니다(후쿠오카 5세 아동 아사 사건). 이 사건도 평범하게 생각하면 '어떻게 아이 엄마가 남의 말만 듣고 자기 아이한테 밥도 안 줘서 굶겨 죽일 수 있지?'라는 의문부터 떠오를 겁니다. 그 지인은 '당신 남편이 외도한다, 다른 엄마들이 악담한다' 등의 거짓말로 피해자 어머니를 고립시키고, 고민을 들어주는 척하면서 지배했습니다. 결국 피해자 어머니가 이혼하자 '아이가 살이 쪄 있으면 양육비나 위자료를 받기 어렵다'라면서 아이의 식사를 극도로 제한하라고 했습니다. 이미 심리적으로 지배당하고 있던 아이 어머니는 그 말을 곧이곧대로 따를 뿐, 다른 생각은 전혀 할 수 없었습니다.

이 사건에서 아이를 아사시킨 어머니는 보호책임자 유기치사죄로 징역 5년을 선고받았습니다. 다만 지인의 '지배'만 없었더라면 사건이 일어나지 않았을 것으로 보아 해당 여성에게는 더 무거운 징역 15년 형이 확정됐지요. 이 지인 엄마가 마인드 컨트롤 지식을 어디서 특별히 배운 건 아닐 겁니다. 타깃으로 정한 인물을 고립시키거나 협박하는 일을 일상에서 거듭하다가 지배에까지 이른 것이지요. 이 사건만큼 극단적이지 않더라도 심리 지배는 학교나 직장 등 우리 주변 여러 장소에서 충분히 일어날 만한 일입니다.

고압적인 육아도 자칫 선을 넘으면 세뇌로 빠질 위험이 있습니다. "내 말대로 하지 않으면 네가 아끼는 걸 버릴 거야", "시험에서 좋은 성적을 받지 못하면 게임은 금지야"라며 아이에게 공포를 주고 부모 뜻대로 움직이게 하면 아이를 키우기는 쉬울지도 모릅니다. 그러나 이런 방식은 언젠가 반드시 문제가 터지고 맙니다.

아이의 마음을 궁지로 모는 '교육 학대'

고압적인 부모와 밀접한 관계가 있는 양육 문제가 바로 **교육 학대**입니다. 교육 학대란, 부모가 자녀에게 실력 이상의 과도한 기대를 걸고 공부시키고, 결과가 좋지 않으면 폭언을 쓰고 폭력을 행사하거나 식사를 주지 않는 등의 학대를 하는 행위를 일컫습니다. 말은 '모두 아이를 위해서'라고 하면서 아이를 점점 궁지로 내몰기만 하지요. 최근 일본에서는 중학교 입시 열기가 높아져 교육 학대가 화제에 오르는 일이 많습니다. 막다른 길에 내몰린 어린이의 SOS가 비행 및 범죄로 드러나는 경우도 생기고요.

2018년에는 의대에 가서 꼭 의사가 되라며 심한 교육 학대를 이어온 어머니를 딸이 살해한 사건도 있었습니다 (시가의과대학 대학생 존속 살해 사건). 딸이 의대 합격을 목표로 9년이나 수험 생활을 했다고 하니, 어머니의 집착이 얼마나 비정상이었는지 실감할 수 있지요. 딸은 초등학생 때만 해도 성적이 매우 뛰어났습니다. 딸이 어릴 때부터 의사가 되길 바라는 열망이 강했던 어머니는 그러지 않아도 성적 좋은 아이를 고압적으로 대했습니다. 기대 이

하의 점수를 받아오면 혼을 내고, 멍청하다는 폭언도 서슴지 않았습니다. 대입 시기가 되자 그 성향은 한층 심해졌습니다. 재수 중에는 스마트폰을 빼앗고, 아예 자유 시간을 주지 않으려고 같이 목욕까지 하는 등 철저히 감시했지요. 나중에 딸이 몰래 스마트폰을 가지고 있다는 사실을 안 어머니는 딸을 무릎 꿇려 빌게 하기도 했습니다. 결국 딸은 구속된 삶에서 벗어나려면 어머니를 없앨 수밖에 없다는 잘못된 생각에 빠지고 말았습니다. 잠든 어머니를 살해한 후, 딸은 트위터[현재는 X라고 합니다.]에 "몬스터를 무찔렀다. 이제 안심이다"라는 글을 올렸습니다. 이 잔혹한 범죄가 미디어에서 큰 주목을 받으며 교육 학대 문제가 수면으로 떠올랐지요. 극단적이긴 하지만, 교육 학대가 아이를 중대한 범죄에까지 내몰 수 있음을 보여준 사례였습니다.

05
아이를 통해 열등감을 보상받으려는 부모

왜 이렇게 아이를 궁지에 내몰 정도로 과도한 기대나

요구를 할까요? 이 **이면에 자리한 것은 부모 자신의 열등감, 즉 콤플렉스**입니다. 시가의과대학 대학생 사건에서도 공업 고등학교를 졸업한 어머니가 학력에 심한 콤플렉스를 느꼈다고 합니다. 자신의 콤플렉스를 지우고자 아이에게 과도한 기대를 하고 그에 부응하지 못하면 벌을 내렸던 것이지요.

앞서 사례에 소개한 도모야의 아버지도 마찬가지였습니다. 대학에 가지 못한 열등감을 아이에게 투영하여 공부해야 한다는 압박감을 주었습니다. 공부해서 명문대에 입학해 좋은 회사에 취직하는 게 아이에게 중요하다는 가치관에 온통 사로잡혀 있었지요. 그런 생각밖에 하지 못하니 자신의 명령은 오로지 아이를 위한 거라는 믿음에 갇혀 도모야의 SOS를 전혀 알아차리지 못했던 겁니다. 도모야의 경우, 결과적으로 대학 입시에도 성공했고 그 단계까지는 큰 문제가 표출되지 않았습니다. 아마 이 부분이 잘되지 않았더라면 진작에 폭발이 생겼을지도 모릅니다. 그러나 표면적인 복종과 달리, 실상 도모야는 부모님을 공격만 하지 않았을 뿐, 어마어마한 적대감을 품고 있었습니다. 그런 심리 상태가 다른 쪽으로 비행의 문을 열었다고도 볼 수 있겠지요.

지나친 기대와 요구를 받으면 반드시 어딘가에서 문제가 터지기 마련입니다. 제대로 부응할 수 없으니까요. 일단 아이는 최선을 다해 상황을 잘 수습해 보려고 애쓸 겁니다. 겉으로는 잘되고 있는 듯 포장할지도 모르고요. 하지만 언젠가는 한계가 옵니다. 비행소년을 면담하다 보면 "부모님의 기대에 부응하지 못했어요"라는 말을 자주 듣습니다. 모두 부모님의 과도한 기대를 짊어진 바람에 괴로워서 방황하다가 비행을 저질러도 '기대에 부응하지 못한 나 자신'을 탓하며 고통스러워하는 아이들입니다. 이런 아이들에게 저는, 기대에 부응하고 싶은 마음은 훌륭하나 굳이 그러지 못했어도 괜찮다고 조언합니다. 따지고 보면, 아이가 반드시 부모의 교육에 맞춰 살아갈 필요는 없습니다. 잘못된 교육이라면 더더욱 그렇죠. 부모는 원래 자녀에게 기대하는 법이고, 아이도 기대에 답하고 싶어 합니다. 여기까지는 좋지만, 기대에 부응하지 못했다고 해서 거부당하는 건 선을 넘는 일입니다. 부모가 아이의 인생을 부정하는 상황이 생겨서는 안 됩니다.

특히 부모가 아이의 학업에 과도한 기대를 걸어 생기는 SOS 신호로, 아이가 시험지를 숨기거나 점수를 고치고, 혹은 성적이 잘 나왔다고 거짓말을 하는 행동 등이 흔히 나타납니다. 이런 행동이 보이면 무조건 혼을 내 바로잡으려 할 게 아니라 그 이유에 주목해야 합니다. 내가 아이에게 **과도한 기대를 하고 있지 않는가 스스로를 되돌아보면서 부모 본인의 마음이 하는 소리에 귀 기울일 필요**가 있습니다.

06

스파르타 교육은 '사랑의 채찍'인가?

고압형 부모는 강한 열등의식을 품은 경우가 많습니다. 학력의 이유가 가장 흔하겠지만, 운동이나 예술 쪽에서도 종종 열등의식에서 비롯된 고압형 양육 태도가 나타납니다. 부모 자신이 이루지 못한 꿈을 아이에게 맡기고 스파르타식 교육을 하지요. "이걸 할 수 있을 때까지 식사는 없다", "이런 것도 못 하면 아예 때려치워! 그만두면 다시는 지원 못 해주는 줄이나 알아"라면서 아이를 "네"라는 대답밖에 할 수 없는 상황으로 몰아 어떻게든 그 일을 시킵니다. 잘하지 못했을 때 폭언에 폭력까지 행사하면 그건 아예 학대지요.

이게 다 아이의 성공을 위해서라며, 일부러 엄하게 지도하는 건 '사랑의 채찍'이라고 하는 부모도 있을 겁니다. 다만 사랑의 채찍이 제대로 기능하려면 부모와 자녀 서로 신뢰 관계가 기본입니다. 기본이 튼튼하다면 진심으로 존경하는 사람에게 단호한 말을 듣고 고마움을 느낄 수도 있습니다. 아이도 부모가 진정으로 자신을 생각해서 하는 행동인지 아닌지 얼마든지 이해합니다.

"이게 다 너를 위해서 하는 말이야."

부모 입에서 툭하면 나오는 말입니다. 이 말을 하고 싶다면, 정말로 그런지 본인 마음을 되돌아보세요. 깊게 생각하지도 않고 이런 말을 습관성으로 한다면, **아이는 속으로 '거짓말, 본인을 위한 거면서' 하고 생각**할 게 분명합니다. 실제로 '너를 위해서다, 사랑해서 그러는 거다' 등은 학대하는 부모가 빈번히 입에 올리는 말입니다. 진정 아이를 위한다면 **지나칠 정도로 엄격하게 대하며 높은 목표를 주기보다 아이가 잘해낼 수 있을 만한 단계를 심사숙고하는 편이 더욱 교육 효과가 좋습니다**. 할 수 없는 일을 요구해서 아이의 자기긍정감을 낮춰버린다면 그게 무슨 소용일까요? 아무 의미도 없습니다. 특히, 의도가 어떻든 간에 폭언이나 폭력으로 아이에게 상처를 주는 일이 있어서는 안 됩니다.

07

열등감을 좋은 방향으로 바꾸려면

아이 입장에서 생각해 보면 자신이 부모의 열등감을 보상하는 역할을 떠맡은 데다, 잘해내지 못하면 바로 부정당하기까지 하니 고통이 이만저만이 아닙니다. 애당초 그 열등감은 부모가 무언가를 이루지 못한 한으로 생긴 건데도 말이죠. 그러니 아이한테 "너는 꼭 해야 돼"라고 해봤자 이상하게만 들립니다. 아이가 보기에는 부모님이 열등감을 없애고 싶다면 어떻게든 본인이 직접 해결해야 하지 않나 싶은 마음이 드니까요. 그런데 어른이라도 그리 쉽게 해소할 수 없는 게 바로 열등감입니다. 그럼 이걸 어떻게 하면 좋을까요?

어느 코미디언은 어릴 때 큰 열등감을 품고 있었다고 합니다. 가정 형편이 너무 안 좋았기 때문이지요. 부모에게 생활력이 없어 참고서나 문구를 살 돈도 부족했습니다. 특히 낡아빠진 집이 너무나도 부끄러웠지요. 지붕은 곳곳에 틈새가 벌어져 툭하면 비가 샜습니다. 친구들에게 들키고 싶지 않아서 하굣길에는 늘 친구들 무리에서 떨어져 걸었다고 합니다. 하지만 고등학교에 가서 달라졌습니다. 여러 가치관을 지닌 친구들이 생기면서, 오히려 숨어 지내는 듯한 삶이 부끄럽게 여겨졌기 때문입니다. 숨기지 말고 아예 나 자신을 드러내자, 그리고 사람들이 즐거워할 만한 일을 하자고 생각한 그는 국립 대학에 진학함과 동시에 개그 공부를 시작했습니다. 졸업하고 나서는 인기 코미디언이 됐지요. 항상 밝은 그의 모습을 보면 한때 그런 열등감을 품었다는 게 전혀 느껴지지 않을 정도였습니다. 제가 주목하고 싶은 부분은 그가 있는 그대로의 나 자신을 인정하는 과정입니다. '나는 가난한 게 부끄럽다. 하지만 그런 나라도 괜찮다'라고 인정하고 생각을 바꿨기에 긍정적인 사고로 나아갈 수 있었으니까요. 만약 자신의 열등감을 인정하지 못하고 숨기려고만 했으면 어땠을까요? '가난은 죄'라고 여기면서 심각하게 돈에 집착하거나, 성공한 후에는 가난한 이들을 경멸하는 등 편견을 갖기 쉬웠을 겁니다. 학력이나 운동, 예술, 외모 등도 비슷하게 생각할 수 있습니다.

크든 작든 누구에게나 열등감 또는 콤플렉스가 있습

니다. 그게 부정적인 상태로 마음속에 계속 자리하면 삶이 힘들어질 뿐입니다. 우선 있는 그대로의 나 자신을 받아들이는 마음이 필요합니다. 학력에 열등감을 느낀다면 '대학에 가지 못했다'는 사실을 받아들이고 '대학에 가지 못한 걸 아쉬워하고 부끄러워하는' 감정까지 전부 인정하세요. '아아, 나는 이런 열등감을 품고 있었구나' 하고 그대로 이해하면 됩니다. 이를 **자기 수용**이라고 합니다.

아이에게 고압적으로 구는 부모라면 다른 무엇보다 **나는 어떤 열등감이나 콤플렉스를 갖고 있는가**를 먼저 생각해 보았으면 합니다. 그리고 그대로 받아들이는 노력을 하세요. 인정하고 싶지 않은 마음이 솟구칠지도 모르지만, 인정해도 괜찮습니다. 그걸 인정한다고 해서 누가 나를 비난할 일은 없습니다. 무시받는 일도 생기지 않습니다. '내 열등감은 이런 모습이구나' 하고 생각만 해도 충분합니다. 인정하는 것만으로도 큰 차이를 낳지요. 열등감은 반드시 나쁘기만 한 게 아닙니다. 노력해서 어떤 행동을 시작하는 에너지나 발판이 됩니다. 게다가 마찬가지로 열등감을 품은 사람의 심정을 이해하고 배려하는 공감의 출발점이 될 수도 있지요. 주변 사람들에게는 콤플렉스를 쿨하게 인정하는 모습이 오히려 매력으로 비칠

때도 있습니다. 사람이 열등감은 없고 우월감만 있다면 어떨 것 같나요? 그게 더 무섭지 않을까요?

성공해야만 인정받는 스파르타 교육

어떤 이들은 아이의 능력을 최대한 키워주는 것이야말로 부모의 의무이고, 아이의 자주성에만 맡기지 말고 부모가 아이에게 필요한 부분을 잘 파악해서 보충해 줘야 한다고 생각합니다. 이런 신념이 강하면 고압형으로 편향되기 쉽지요.

부모가 자녀의 학습 진도를 설정하고 관리하는 상황을 가정해 봅시다. '매일 연습 문제를 5페이지씩 푼다. 독서는 1시간 동안 하고, 영어책을 읽는 시간은 꼭 넣는다. 피아노 연습은 30분. 그 밖에 그때그때 필요한 과제를 설정해 완수할 때까지 노력하게 한다.'

이렇게 해서 효과를 본다면 괜찮을지도 모릅니다. 아이의 성향도 모두 달라서, 부모가 설정하는 목표를 잘 따르며 '나는 목표를 달성하려고 최선을 다했다'라는 점에 자신감을 얻는 아이도 있지요. 경우에 따라서는 스파르타 교육 덕분에 크게 실력이 향상되는 아이도 있습니다. 실제로 스파르타 교육을 적극 활용한다고 알려진 중국에서는 그 덕분에 많은 엘리트가 배출되는 면도 있지요. 다만 강제하는 방식이 모든 아이에게 맞지는 않습니다. 고압형 양육이 계속되면, 언젠가는 튕겨 나가는 게 보통입니다. **성공담에 너무 현혹되면 안 됩니다.** 성공했으니까 스파르타 교육을 성공의 이유 한 가지로 꼽을 수 있는 것뿐이지, 모두에게 같은 효과를 내는 게 아니니까요. 따라서 결과만 보고 '이 방법으로 성공한 엄마처럼 과제를 설정하는 게 좋을까? 그럼 나도 아이한테 고압적으로 나갈 수밖에 없네' 같은 생각을 할 필요는 없습니다.

09
지시만 기다리는 사람이 혹하는
위험한 아르바이트

'~해라'라고 명령해서 남을 움직이는 건 참 편한 일입니다. 아이한테 "○○을 안 하면 귀신이 와서 잡아간다",

"△△하기 전에는 밥 못 먹는 줄 알아" 등으로 공포심을 주어 무언가를 시키기는 매우 쉽지요. 하지만 그래서는 아이의 주체성을 키울 수 없습니다. 나중에는 스스로 판단해 행동하지 못하는 아이가 되고 말지요. 주체성이 낮으면 사회에 나가 살아가기 어렵습니다. 요즘 같은 시대에 소위 말해 '지시만 기다리는 사람'을 환영하는 직장은 어디에도 없으니까요.

사례로 소개한 도모야는 불법 아르바이트를 하다가 특수 사기에 가담하고 말았습니다. 범죄임을 직감했으면서도 옳은 판단을 하지 못하고 일을 저질렀지요. '시키는 대로 움직이면 될 뿐이다'라는 생각. 그건 도모야에게 가장 익숙하고 편한 방식이었습니다. 지시를 받았으니까 아무 생각 없이 그대로 해도 된다고 합리화합니다. 결국 '정말로 올바른 일일까?'라는 최초의 의문은 지워버리고, 명령만 따랐습니다. 이런 심부름 대행식 불법 아르바이트로 경찰에 잡히는 비행소년들 대부분은 생각의 자립이 어려운 아이들입니다. 평범한 아르바이트도 주체적으로 하지 못하고, 눈앞의 문제를 타개할 방법을 고민할 줄도 모릅니다. 그저 시키는 대로만 움직일 줄 알지요. 언뜻 보면 성실한 태도로 비치기도 하지만, 고분고분 지시를 따르는 것만으로는 사회생활을 제대로 영위하기 어렵습니다.

,,,,,,,,,,,,,,,,,,,, 10 ,,,,,,,,,,,,,,,
우리 아이를 지시만 기다리는 사람으로
키우지 않으려면

　지시만 기다리는 아이가 아니라 주체적으로 행동하는 아이로 키우려면 어떻게 해야 할까요? 미국 심리학자 앳킨슨^{Atkinson}은 '성취동기이론'을 제창하여 목표 달성 양상을 설명했습니다. **성취동기**란, 목표를 성취하고자 하는 긍정적인 마음을 일컫습니다. 성취동기가 높은 사람은 '노력하면 이룰 수 있다'라는 생각이 확실해 과제에 과감히 다가가는 특징이 있습니다. 반면 실패를 회피하려고 뒤로 물러서는 마음이 **실패회피동기**입니다. 실패회피동기가 높은 사람은 자신은 절대로 할 수 없다는 생각에 사로잡혀 도전할 엄두를 못 내지요.

　사람은 누구나 성취동기와 실패회피동기를 모두 갖고 있습니다. 다만 어느 쪽 성향이 강한가에 따라 목표에 접근하는 적극성이 달라지지요. 고압형 부모 밑에서는 아이의 '실패회피동기'가 강해집니다. 부모가 시키는 대로 하지 못했을 때 받을 벌을 두려워하며 행동하는 태도가 무의식에 자리 잡기 때문입니다. 또한 부모의 요구가 과도할수록 실패 확률이 높아지니 좀처럼 성공 경험을 쌓을 수가 없습니다. '나는 못 할 거야'라는 마음만 더욱 강해지지요. 실패하더라도 긍정적으로 받아들일 수만 있으면 문제가 없지만, 바로 벌을 주는 환경에서는 실패를 긍정적으로 받아들이기 힘듭니다.

성취동기를 높이려면 내적인 동기 부여가 중요합니다. 실패하면 벌을 주거나 성공에 상을 주는 것 모두 외적인 동기 부여입니다. "시험에 합격하면 원하는 걸 사줄게"라는 말로 외적 동기를 자극하는 것도 가끔은 좋지만, 지속적인 성취동기는 높아지지 않습니다. 반대로 내적 동기는 본인의 호기심을 채우기 위한 마음이나 성장 욕구 등이 해당합니다. 스스로 '해보고 싶은 마음'이 드는 게 무엇보다 중요하지요.

원래 아이들은 호기심이 왕성해서 무엇이든 다 해보고 싶어 합니다. 커가면서 점차 실패를 두려워하게 되지만, 어릴 때는 실패보다 도전 쪽에 의식이 쏠리기 마련입니다. 이 시기야말로 부모가 **아이의 '해보고 싶은 마음'을**

응원해야 할 때입니다. 호기심을 가지고 무언가 시도하려는 모습을 보면 **도전 자체를 긍정**해 주세요. "참 대단하구나", "멋진 도전이야"라고 인정해 주는 것만으로도 큰 응원이 됩니다. 중간 과정을 지켜보면서 "오오, 열심히 하네"라고 한마디 건네기만 해도 충분합니다. 결과를 떠나 도전하는 자체를 응원함으로써 아이의 성취동기는 저절로 높아집니다.

////////////////// **11** //////////////////
명령해야 할 일, 그렇지 않은 일

자신의 성향이 고압형으로 기울기 쉽다고 생각하는 부모는 가능한 한 명령하는 투를 자제하도록 의식하는 게 좋습니다. '~해라'라고 말하지 않고 아이에게 뜻을 전하려면 어떤 방법이 좋을지 생각해 보는 겁니다. 명령하는 어조를 그만두려는 노력만으로도 스스로에게 어떤 발전이 있을 거예요.

물론 아이에게 '~해라, ~하면 안 된다'라고 명령해야 할 때도 분명 있습니다. "길 안쪽으로 걸어라", "빨간불일 때

횡단보도를 건너면 안 된다" 같은 말은 신체나 생명의 안전을 지키는 데 필수이니 아이에게 생각할 여지를 줄 필요가 없습니다. 단호하게 전해서 지시를 지키게 해야 하지요. 또한 사회 규범 역시 명령하는 어조로 전하는 게 좋습니다. "남의 물건을 함부로 훔치면 안 된다", "질서를 지켜라" 같이 본인의 자의적인 판단이나 논리관이 자리 잡히기 전에 부모가 확실하게 가르쳐야 할 부분이 있지요. 1장에서 소개한 문부과학성의 발달 단계에 초등학교 저학년 시기에는 "어른이 하는 말을 지키면서, 선악 판단과 이해를 할 수 있다"라는 발달 사항이 있습니다. 초등학교 입학 무렵부터 저학년 때까지는 특히 안전 규칙과 사회 규범을 의식해서 아이가 지켜야 할 일들을 확실하게 전달해 두어야 합니다. 그러자면 누구든 다소 고압적인 방향으로 흘러가겠지요. 그렇게 수많은 규칙을 가르치는 가운데 저도 모르게 '빨리 숙제해라, 빠트린 물건이 없는지 확인해라, 이걸 해라, 저걸 해라' 등 자꾸 명령조로 잔소리를 보태게 됩니다.

다만 부모 스스로 의식하고 있으면 안전과 사회 규범을 가르치는 이외에는 명령하지 않고도 뜻을 전할 수 있습니다. "숙제는 언제 할 거니? '참 잘했어요' 표시해 줄 테

니까 끝나면 알려줘", "내일 가져갈 준비물 같이 확인해
보자. 특별히 챙겨야 할 건 없니?" 안 그래도 정신없이 사
는데 매일 이런 식으로 일일이 구분하며 챙길 수 있겠느
냐는 생각도 들겠지만, 가끔이라도 좋으니 잔소리나 명령
보다는 아이가 직접 생각하게 하거나 함께 생각하는 화
법을 사용해 보세요.

12
핵심은 의욕이 생기는 목표 설정이다

앳킨슨의 이론은 의욕이 생기는 목표 설정에도 도움이
됩니다. 앳킨슨은 초등학생을 모아두고 고리 던지기 실험
을 했습니다. 먼저 아이들에게 여러 거리에서 자유롭게
고리를 던지며 놀게 하고, 각 거리에서의 성공률이 어느
정도라고 생각하는지 대답하게 하면서 노는 모습을 관찰
했습니다. 실험 결과, 성공 확률이 매우 높은 거리에서 고
리 던지기를 하는 아이도, 성공 확률이 매우 낮은 거리에
서 고리 던지기를 하는 아이도 그 수가 매우 적다는 것을
알 수 있었습니다. 노는 아이들이 가장 많았던 자리는 성

공 확률이 50퍼센트 정도 되는 거리였습니다. 즉, '성공할지 하지 못할지 반반 정도'로 느끼는 도전이 가장 인기가 많았던 겁니다.

이 실험을 기초로 앳킨슨은 **기대**와 **가치**를 곱해 의욕이 높아지는 '기대가치이론'을 주장했습니다. 여기서 말하는 '기대'란 '나는 이걸 성취할 수 있다'라는 생각입니다. 자기 자신에게 거는 기대이지요. '가치'란 스스로 그 과제를 성취할 의무를 느끼는 태도입니다. 과제가 너무 간단하면 이 '가치'는 낮아집니다. 아무리 내가 달성할 수 있다는 기대가 높아도, 도전할 가치가 없다고 느끼면 의욕이 전혀 생기지 않지요. 기대 100 × 가치 0 = 의욕 0이니까요. 한편 달성할 수 있을지 가능성이 반반이고, 그래서 더욱 할 가치가 있다고 느낄 경우에는 기대 50 × 가치 50 = 의욕 2500이 됩니다.

또한 앳킨슨은 성취동기가 높은 사람일수록 적절한 과제인 중간 거리를 선택하고, 성취동기가 낮은 사람일수록 성공 확률이 높은 거리나 반대로 성공 확률이 낮은 거리를 선택한다고 했습니다. 실패를 두려워하는 마음이 강하면 간단한 목표를 잡거나 아니면 극도로 어려운 목표를 선택해서 실패하더라도 덜 책망받고자 하는 심리가 생기

는 것이지요. 앳킨슨의 실험을 통해 의욕이 생기는 목표
는 아이가 가치를 느끼는 수준으로, 난이도는 그 아이의
성취동기에 맞춰 달리해야 한다는 점을 알 수 있습니다.
실패회피동기가 높은 아이에게 처음부터 성공 확률 50퍼
센트의 목표는 과도한 압박감을 줄지도 모릅니다. 아이
가 '이 정도는 할 수 있을 것 같다'라고 느끼는 난이도를
설정하여 성공 경험을 쌓으면서 성취동기를 높여가는 게
중요합니다.

자아존중감의 회복

도전에는 실패가 따르기 마련입니다. 실패를 어떻게 받
아들일지는 **자아존중감**과 큰 관련이 있습니다. 자아존중
감이란, 자기긍정감이라고 불리기도 하며 자기 자신을 소
중히 여기는 마음을 일컫습니다. 자아존중감이 높으면 어
려움을 맞닥뜨려도 '나라면 극복할 수 있다'라고 생각합
니다. 설령 실패하더라도 그로 인해 자신의 가치가 내려
가는 건 아니라고 여기지요. 예를 들어서 시험을 망쳐도

이제 끝장이라며 절망하기보다는 시험 쳐본 경험을 살려 다음 방향을 고민할 줄 압니다. 자아존중감이 높은 사람은 혹시나 범죄로 향하는 길목에 서더라도 그리 간단히 그 안으로 발을 들이지는 않습니다. 죄를 지으면 잃을 것이 많다는 사실을 아니까요.

자아존중감은 나 혼자서 높일 수 있는 게 아닙니다. 유소년기에, 특히 보호자와의 관계 속에서 존재 자체를 인정받는다고 느끼는 경험이 중요하지요. 고압형 부모 밑에서 명령과 질책만 당하며 산 아이는 자아존중감이 낮아집니다. "○○해라. 그러면 인정해 줄게", "△△는 하지 마. 그런 건 인정 못 해" 하는 식으로 부모에게 조건부로 인정받는 경험만으로는 아이가 내 존재 자체를 온전히 인정해도 된다는 느낌을 받을 수 없습니다. '너는 세상에 존재하는 것만으로도 멋지고 가치가 있다'라고 제대로 전하는 게 부모의 역할입니다.

소년분류심사원에서 근무하다 보면, 자아존중감이 낮은 아이들을 자주 만납니다. 심리검사로 수치화하는 자아존중감의 수준을 굳이 확인하지 않아도, 면담하는 동안 잠시 이야기를 나누기만 해도 쉽게 알 수 있지요. "저는 아무것도 못 하는데 살아서 뭐 하겠어요"라거나 "새로운 삶을 살 수 있다고 하시지만 그게 가능하겠어요?"라는 반응이 돌아오거든요. 자신을 소중히 여기지 않는 삶을 살았기에 그게 언동에도 고스란히 드러나고 맙니다. 소년원의 교관은 그런 아이들에게 존재를 인정하는 말을 꾸준히 해줍니다. 부모를 대신하여 늘 지켜보지요. "네가 이 자리에 있다는 게 중요한 거야", "계속 살아가도 괜찮아"라고, 굳이 다른 말은 더할 필요 없이 매일 이런 말을 전하며 자아존중감을 회복하도록 돕습니다. 자아존중감이 낮은 상태에서는 갱생의 길로 나아갈 수 없기 때문입니다. 때로는 '**다시 키우기**'라고 해서 유아기부터의 교육을 다시 시작할 때도 있습니다. 당연히 시간이 걸리기도 하고, 어른이 된 후의 다시 키우기는 물론 상당히 어렵지요. 몇 번이나 교도소로 돌아오는 누범자들은 자존감 같은 건 없다고 표현해도 될 정도로 자아존중감이 망가져 있습니다. 그 상태에서 다시 키워 자아존중감을 회복시키기란 매우 힘든 일입니다.

다 알고 있는데도 속는 특수 사기

도모야가 얽혔던 특수 사기 이야기를 좀 더 해보겠습니다. 전체 범죄 건수는 감소하는 추세지만, 증가하는 범죄도 몇 가지 있습니다. 특수 사기가 그중 하나입니다. 일본 경찰청의 정의에 따르면, 특수 사기란 '전화 등을 통해 피해자에게 비대면으로 신뢰를 얻어, 지정된 은행 계좌에 입금시키거나 기타 여러 방법으로 불특정 다수를 속여 현금 등을 갈취하는 범죄'를 지칭합니다.

사기는 고전적인 범죄지만, 최근에는 인터넷 등을 사용한 새로운 유형의 사기 범죄에 가담하는 사람이 늘어나 피해도 증가하고 있습니다. 2022년 일본에서 특수 사기로 인지된 사건 수는 1만 7,570건으로 피해액은 370.8억 엔에 달합니다. 모두 이전 연도보다 증가한 수치이지요.

특수 사기의 수법은 미디어에서도 자주 다루어 많이 알려져 있고, 금융기관이나 관공서 등에 붙은 예방 포스터를 본 사람도 많을 겁니다. 그런데도 왜 이 범죄 피해는 줄지 않는 걸까요?

• 특수 사기의 주된 수법

- **보이스피싱:** 친족이나 경찰관, 변호사 등을 사칭하여 친족이 일으킨 사건 및 사고 합의금 등의 명목으로 금전을 갈취한다.
- **가공의 요금 청구 사기:** 지불되지 않은 요금이 있다며 있지도 않은 사실을 구실로 금전 등을 갈취한다.
- **환급금 사기:** 세금 환급 등에 필요한 수속이라며 피해자를 ATM으로 유도 및 조작하게 하여 계좌 간 송금을 통해 불법 이익을 얻는다.
- **예금 및 저축 사기:** 지방자치단체나 세무서 등의 직원을 사칭하여, 의료비 등의 환불금을 예금하려면 현금 카드 확인이나 교체가 필요하다는 구실로 자택을 방문해 현금 카드를 갈취한다.

이런 수법, 자주 들어보았을 겁니다. '알고 있는데도 속는다'는 게 제일 골치 아픈 부분이지요. 대부분의 범죄는 이해하면 미리 막아낼 수 있지만, 특수 사기는 예방이 아주 어려운 범죄입니다. 경찰이나 관공서도 방지에 힘쓰고 있으나 피해자는 계속 생깁니다. 저도 경시청이나 도쿄도청의 특수 사기 대책에 깊이 관여하고 있어, 그 예방의 어려움을 실제로 목격합니다.

설마 자신이 타깃이 될 거라고는 보통 생각하지 못합니다. 심리학적으로 말하자면 **인지 편향**이 작용하고 있기 때문입니다. 특히 자신에게 유리한 정보에만 귀를 기울이는 **확증 편향**, 그리고 비정상적인 일이 발생했을 때 '이건 별일 아니다'라고 생각하며 마음을 진정시키려는 **정상성 편향**이 작용하여 합리적인 판단을 할 수 없게 되는 것이지요. 속이는 쪽도 신뢰감을 주는 말투로 생각할 여지를 조금도 주지 않는 교묘한 심리 기술을 써서, 정상적인 판단을 못 하게끔 합니다. 평상시 같으면 냉정하게 따져볼 수 있는 사람도 패닉 상태에 빠지면 제대로 된 생각을 못하지요. 경찰이나 관공서도 여러 방안을 강구하고 있지만, 특수 사기의 주모자는 머리 꼭대기에 있어 다람쥐 쳇바퀴 돌듯 반복되는 피해에 전혀 손을 쓰지 못하는 상황입니다.

사례로 나온 도모야도 그랬듯, 최근 증가하는 특수 사기는 실행범을 단기 아르바이트 형식으로 고용합니다. 지정된 주소로 가서 종이봉투를 받아 코인로커에 넣기만 하면 되는 간단한 아르바이트로 고액의 보수를 받을 수 있지요. 그 밖에 은행 계좌나 휴대전화를 빌려주는 등으로 쉽게 거액의 보수를 받는 불법 아르바이트도 존재합니다. 평소 같으면 참 이상하다고 여길 만하지만, '나는 몰랐다'라고 말하면 끝날 거라 생각하는 순간 판단력을 잃고 맙니다. 단순 실행범으로 고용된 사람은 정말 아무것도 모르는 경우도 많고요. 목적도 들은 바가 없고, 주모자는 누구이며 어디에 있는지도 잘 모르는 채로 그냥 범죄를 저지릅니다. 그리고 안타깝게도 검거되는 건 당연히 실행범뿐입니다. 주모자의 행방은 모르니까요. 그러니 특수 사기로 인지된 사건 숫자보다 실제로는 훨씬 더 많은 수의 범죄가 일어나고 있을 겁니다. 통계로는 드러나지 않는 암수^{暗數} 사건이 상당히 많은 것으로 추정됩니다.

,,,,,,,,,,,,,,,,,,,,, **15** ,,,,,,,,,,,,,,,,,,,

교묘해지는 범죄에 휘말리지 않으려면

설령 몰랐다고 해도 특수 사기에 가담하면 무조건 범죄입니다. 변명은 통하지 않지요. 그러니 절대로 가담해서는 안 됩니다. 그런데 경찰에 체포되고 나서야 "이게 그렇게 위험한 일이었어요?"라며 놀라는 사람도 있을 정도로 수법이 교묘합니다. 물론 좀 수상쩍다고 생각이야 했지만 '가벼운 마음으로' 했다고 하는 사람도 적지 않지요. 특수 사기 자체가 그렇게 꾸며져 있다는 뜻입니다. 한때는 쉽게 알 수 있을 법한 패턴이 있었지만, 이제는 교묘하게 감춰져서 아르바이트인 줄 알고 시키는 대로 했더니 범죄였다고 하는 일이 흔합니다. 범죄 전과가 전혀 없는 무전과자도 그만큼 이런 사건에 쉽게 휘말리게 됐지요. 불법 사이트를 통해 별생각 없이 손을 댈 위험이 있다는 점에서 1장에서 언급한 불법 약물 문제와도 통하는 바가 있습니다. 본인이 사용할 약물을 구하는 것뿐만 아니라, 약물 밀수에 가담하는 불법 아르바이트도 비슷한 경로로 접하게 되니까요. 공항에 가서 어떤 사람에게 짐을 건네기만 해도 오만 엔을 받는다는 아르바이트를 수락했다가 체포된 소년도 있습니다.

이렇게 점점 교묘해지는 범죄에 아이가 휘말리지 않게 하려면 무엇을 해야 할까요? 적어도 무지하게 있어서는 안 됩니다. 현재 세간에서 어떤 범죄가 화제로 오르내리는가, 주변에서 어떤 일이 일어나고 있는가 **텔레비전이든 신문이든 인터넷이든 무엇이든 좋으니 뉴스를 접하는 게 매우 중요**합니다. 예전에는 집에서 일상처럼 텔레비전을 켜놓고 있다가 자연히 **부모와 자녀 간에 뉴스 내용을 화제로 삼을 때**가 많았습니다. 그러다 보면 "만약에 저런 불법 아르바이트를 권유받으면 어떻게 할래?", "저 돈 받고 경찰에 붙잡히면 본인만 고생이지" 같은 대화를 하면서 절로 그런 상황을 시뮬레이션하게 되곤 했는데요, 바로 이런 일상 교육이 중요합니다. 그러나 지금은 어떤가요? 가족이 각자 유튜브나 넷플릭스 등 좋아하는 매체를 따로따로 보는 게 당연한 분위기이지요. 함께 뉴스를 보면서 가족끼리 대화를 나누는 모습은 보기가 힘듭니다. 뉴스를 모르면 정말로 '범죄인 줄 몰랐다'로 이어집니다. 어린이가 범죄에 엮이지 않도록 정보를 주는 것도 부모가 꼭 해야 할 일 가운데 하나입니다. 가족이 함께 뉴스를 보며 이야기 나누는 건 조금만 의식해서 시간을 내도 쉽게 할 수 있는 일이니 꼭 실천하기 바랍니다.

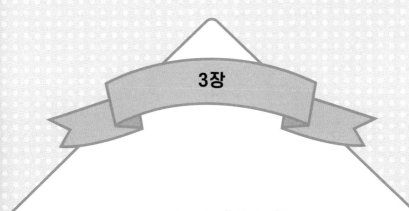

3장

남의 마음을
이해하지 못하는 아이

왕의 DNA를 물려주셨나요?

[죄명] 상해(가정폭력)

자택에서 가족에게 폭력을 행사. 외할머니에게 재떨이를 던져서 전치 3개월의 중상을 입혔다.

....

나루미는 소위 말해 '부잣집 딸'이다. 멋들어진 대문, 널찍한 정원이 자리한 집. 부모님에 외할아버지와 외할머니까지 함께 살며 온 가족의 사랑을 한몸에 받았고, 무엇하나 모자람 없이 자랐다. 외할아버지는 회사를 창업한 사장으로 성공해 큰 재산을 일군 인물이었다. 지역에서 유명한 자산가이기도 했다. 나루미의 어머니는 외동딸이었다. 자유분방하게 산 어머니는 회사를 이을 마음도 없어 집안에 데릴사위를 들였다. 얌전하고 시키는 대로 고분고분한 성격의 아버지는 외할아버지의 마음에 쏙 들었다. 현재 회사 사장은 나루미의 아버지이지만, 실질적으로는 외할아버지가 여전히 혼자 실권을 쥐고 있다. 집안에서 외할아버지의 존재감은 대단해서 그 누구도 함부로 고개를 들지 못했다. 나루미의 어머니는 늘 본인 위주로 즐기고픈 욕구가 강해 가정보다는 취미를 우선시하는 경향이 있었다.

이런 가정 환경에 외할아버지는 단 한 명의 손녀인 나루미를 끔찍이 사랑했다. 나루미가 크면 또 데릴사위를 들여 회사를 잇게 하자는 마음도 진작에 품고 있었다. 나루미의 심기를 살피느라 바빴고 원하는 건 무엇이든 다 사줬다. 유치원생이었던 나루미가 춤을 배우고 싶다고 하면 바로 전문 댄서를 가정교사로 붙이고, 집에도 전용 연습 방을 만들어줄 정도였다. 나루미는 이 집안의 공주님과 마찬가지였다.

초등학생 때 나루미가 개를 키우고 싶다고 말했다. 외할아버지는 흐뭇해하며 나루미를 펫숍으로 데리고 가 원하는 개를 고르라고 했다. 나루미는 초등학교 1학년도 꼭 안을 수 있는 작은 강아지를 데려왔다.

"와아, 너무 귀엽다. 착하지, 착하지."

처음에는 나루미도 개를 예뻐했다. 그러나 강아지가 점차 자라니 "이제 안 귀여우니까 필요 없어"라며 밥도 챙겨주지 않게 됐다. 관심이 사라졌기 때문이다.

"역시 고양이가 더 좋은 것 같아. 고양이라면 잘 키울 수 있어."

그런 나루미에게 외할아버지는 고양이를 사주었지만

결과는 마찬가지였다.

나루미의 고집은 초등학교 때부터 서서히 도드라지기 시작했다. 저학년 때만 해도 그럭저럭 넘어갈 정도였지만, 3학년이 되자 반에서 유난히 행동이 튀었다. 특히 운동회나 학예회에서 자기가 제일 눈에 띄는 역할을 하지 못하면 토라지곤 했다. "왜 내가 아닌데? 쟤보다 내가 더 예쁘고 춤도 잘 춘단 말이야!"라고 짜증을 내는 나루미 곁을 친구들은 모두 떠났다. 반장 선거 때도 나루미는 자신한테 투표했다. 개표를 해보니 나루미에게 간 건 자신의 한 표뿐이었다.

"내가 반장을 해주겠다는데 뭐야!"

집에서 나루미가 씩씩대며 이야기하자 외할아버지는 애들이 뭘 잘 모르는 것 같다며 손녀의 편을 들었다. 그리고 기분 좀 풀라며 유행하는 게임을 사주었다. 나루미의 이기적인 행동을 나무라는 사람은 아무도 없었다.

나루미의 폭력이 시작된 건 초등학교 고학년 때부터였다. 한번 불만을 품으면 잡히는 물건을 죄다 부쉈다. 유리를 깨고, 냉장고 속 음식들을 내던지며 날뛰었다. 어디에 그런 힘이 숨어 있나 놀라울 정도로 때리고 걷어차는 폭행까지 저지르게 되면서 경찰이 출동하는 일도 있었다.

그러나 지역 유지인 외할아버지가 무마시켜 문제는 겉으로 드러나지 않았다.

고등학교에 진학한 나루미는 학교생활에 적응하지 못해 1학년 때 금방 퇴학당하고 말았다. 그 뒤에는 '집안일 돕기'라는 명목으로 집에서만 지냈다. 용돈은 부모님이나 외할아버지한테 받으면 그만이었다. 예쁜 옷을 사고 화장도 하고 그냥 나가서 놀기만 해도 괜찮았다. 하지만 나루미도 사실 깨닫고 있었다. 아무리 예쁘게 치장해도 가족 외에 그 누구도 자신을 상대하지 않는다는 것을. 제대로 고민을 들어줄 친구도 없었다. 그런데 호스트 클럽에 간 순간 모든 게 달라졌다. 그곳에서는 나루미에게 공주님 대접을 해줬다. 돈만 내면 원하는 대로 할 수 있는, 나루미에게는 너무나도 만족스러운 공간이었다. 특히 '고'라는 호스트가 딱 나루미의 이상형이었다. 늘 다정하고 나루미에게 칭찬을 듬뿍 해줬다. 살짝 유약해 보이는 분위기도 마음에 들었다.

"이번 달 매상이 좀 부족해."

고가 말을 꺼내면 나루미는 수십만 엔이나 하는 샴페인을 주문했다. 나루미는 고의 출근길에도 자주 동행했고, 자신이 없으면 안 된다는 인식을 고에게 심어주려 했다.

늘 "나한테 맡겨만 줘"라며 고에게 돈을 펑펑 썼다. 물론 나루미가 쓰는 돈의 출처는 가족이었다. 스스로 경제활동을 한 적이 없던 나루미는 가족들에게 집요하게 돈을 요구했다. "얼마 전에 삼십만 엔 줬잖니? 아무리 그래도 이건 좀…"이라며 아버지가 난처해하면 나루미는 아버지를 밀치고 거실에 있던 쿠션이나 책을 닥치는 대로 내던졌다. 이 시기에 나루미의 폭력성은 더 심해진 상태였다.

"얘, 얘가!"

어느 날 외할머니가 말리려고 거실에 들어선 순간, 나루미는 재떨이를 내던졌다. 무거운 유리 재떨이였다. 쿵, 묵직한 소리가 나더니 외할머니는 그 자리에서 쓰러져 피를 줄줄 흘렸다. 재떨이가 외할머니의 머리를 명중했던 것이다. 금방 구급차를 불러 목숨에 지장은 없었지만, 전치 3개월의 중상을 입고 말았다. 이 사건이 경찰에 신고되어 나루미는 소년분류심사원에 들어갔다.

CASE 해설: 맹목적 수용형 양육 태도란?

맹목적 수용형 부모는 아이의 낯빛을 살피느라 바쁘고 아이가 시키는 대로 다 따라주는 게 특징입니다. 아이가 원하는 건 무엇이든지 제공하고, 좋아하는 일을 마음껏 하게 해서 욕구를 참을 기회를 주지 않습니다.

맹목적 수용형 부모 밑에서 자란 아이는 세상이 무엇이든 자신의 말대로 다 되는 줄 아는 자기중심적인 성격이 되고 맙니다. **공감능력이 부족**하고, 타인의 입장에서 생각하지 못하지요. 뜻대로 일이 풀리지 않으면 남을 탓하고, 난폭한 태도까지 보일 때도 많습니다. 스스로 상황 판단을 할 필요가 없이 남들이 분위기를 맞춰주는 환경에서 자라다 보니 **분위기를 읽는 법을 몰라** 혼자 고립되기도 쉽습니다.

사람은 타협하면서 성장한다

나루미는 전형적인 맹목적 수용형 가족의 손에서 자란 아이였습니다. 특히 외할아버지는 나루미가 원하는 거라면 다 사줬고 하고 싶은 건 무엇이든 할 수 있게 해줬지요. 춤을 배우고 싶다면 곧바로 전문 댄서를 가정교사로 붙이고, 집에 연습 방까지 만들어주다니 대단하지 않습니까? 그것도 나루미가 겨우 유치원생일 때의 일이었지요. 경제적 여유가 받쳐주면 그럴 수도 있다는 의견도 있겠지만, 대개 부모는 좀 더 상황을 지켜보며 단계별로 필요한 지원을 해주지 않을까요? 요컨대 일단 체험을 해본 다음에 "정말로 하고 싶으면 이런 계획을 짜보는 게 어떨까?"라고 대화하면서 환경을 갖춰주는 겁니다.

하고 싶어 하면 바로 시키고, 그만하고 싶다고 하면 바로 그만두게 하기를 반복해서는 인내하는 힘을 키울 수 없습니다. 실제로 나루미의 관심은 오래간 적이 없었습니다. 반려동물도 처음에만 귀여워했지 중간에 질려서 돌보지도 않았지요. 이럴 때 보호자가 개입해 아이를 훈육해야 합니다. 생명체를 키우는 일의 중함을 가르쳐야 하지요. 그런데 책임을 묻지도 않고 아이에게 새로운 반려동물을 사주다니 기가 막힐 노릇입니다. 나루미는 참거나 주변과 타협해 자신의 욕구를 맞추는 경험을 해보지 못한 채 그대로 크고 말았습니다.

과보호형 부모 밑에서 자란 아이와 마찬가지로 맹목적 수용형인 부모에게서 자란 아이도 욕구불만 내성이 낮아집니다. 뜻대로 되지 않는 일에 잘 대처하지 못하고, 도피하는 행동을 취하거나 공격성을 드러내기 일쑤이지요. 나루미의 경우, 자기 마음대로 되지 않으면 폭력을 행사했습니다. 맨 처음에 집에서 소동을 일으켰을 때 바로 적절한 지도가 이루어졌다면 좋았을 겁니다. 불만에 어떻게 대처하면 좋을지 가족이 함께 최선책을 생각해 보고 부모님도 힘들 때 도와주겠다고 아이를 다독여야 했습니다. 그런데 나루미의 가족은 전혀 훈육을 하지 않고, 벌어진 사건을 무마하기에만 바빴습니다. 가정폭력 같은 건 없었던 일로 치고, 나루미는 괜찮은지 심기를 살피느라 전전긍긍했지요.

응석 받아주기 vs. 맹목적 수용

양육 태도가 맹목적 수용형으로 치우친 부모는 대개 '응석을 받아주는 것'과 '덮어놓고 오냐오냐하는 것'을 구별하지 못합니다. '응석'은 어린아이의 애착 형성에 꼭 필요합니다. 정서 안정이나 정상적인 심리 발달에 필수적이지요.

애착에 관해서는 정신과의사인 볼비[Bowlby]가 제창한 '애착이론'이 유명합니다. 아이가 보호자 등 신뢰할 수 있는 사람에게 '다가붙는' 행위로 안심하는 상태를 애착이라 일컫습니다. 아기는 배가 고프다, 기저귀가 찝찝하다, 잠이 온다, 안아달라 등의 의사표현을 울음으로 전하지요. 그 요구에 보호자가 답하고 꼭 다가붙어 안아주면 아기는 안심합니다. 이런 행동이 반복되면 애착이 형성되고요. 애착이 영유아기 이후 발달에 크게 영향을 준다는 사실이 알려져, 최근에는 아이를 많이 안아주라는 교육법이 주류가 됐습니다. 한때는 안아버릇하면 좋지 않다는 설도 있었지만, 여기에 발달심리학상의 근거는 없습니다. 비단 영유아만 신뢰할 만한 사람에게 다가붙어 안심하는 것이 아닙니다. 다 자라서도 불안할 때 꼭 안아주는 등 때때로 어리광을 받아주면 마음이 진정되고 불안을 극복할 힘을 얻을 수 있지요. 이렇게 응석을 받아주는 건 아이가 점차 자연스럽게 자립을 해나가기 위해서도 중요합니다.

반면에 '덮어놓고 오냐오냐하는 것'은 오직 부모의 입장에서 이루어지는 행위입니다. 아이의 '응석'에서 비롯한 게 아니라, 오직 부모의 만족에만 초점이 맞춰져 있지요. 예컨대 아이가 과자나 단것을 먹고 싶다고 조를 때 건강을 생각하면서 어느 정도 받아주고 제한을 두는 게 일반적인데, 아이가 잘 먹으니 달라는 대로 준다면 아이를 벋놓는 태도입니다. 원하는 대로 해주면 상황이 무난히 흘러가니 부모 자식 간에 스트레스가 쌓이지 않아요. 아이의 요구를 다 받아주는 게 부모 입장에선 제일 편하게 느껴져서 맹목적으로 수용하는 겁니다.

최근에 게임기 조기 구입 현상을 자주 봅니다. 초등학교에 들어가기 전부터 비디오 게임이나 인터넷 게임에 상당한 시간을 쓰는 아이들이 증가하고 있지요. 취학연령 전후는 생활 리듬을 갖추는 일이 가장 중요한 시기이니, 원래라면 시간을 제한하고 특히 자기 전에는 게임을 금지해 취침 시간을 지키게 해야 합니다. 그런데 **아이가 하**

고 싶은 대로 하게 놔두는 편이 부모도 스트레스가 쌓이지 않으니 점차 멋대로 하게 내버려 둡니다. 바로 이런 식으로 시작해 무엇이든 오냐오냐 받아주는 태도가 고착화된다고 볼 수 있지요. 불규칙한 생활이 이어져서 낮과 밤이 바뀌고, 심하면 학교를 빼먹는 지경까지 가는 아이를 저는 소년분류심사원에서 자주 보았습니다.

///////////////// 03 /////////////////
아이의 미래를 고려하지 않는 맹목적 수용형 부모

'맹목적 수용형'과 '과보호형' 부모는 서로 비슷합니다. 두 유형에서 모두 아이의 욕구불만 내성은 낮아지고 남 탓을 하는 성향이 강해집니다. 부모가 의존을 구하는 아이로부터 자신의 존재 의의를 찾는 경우, 공의존 상태에서 빠져나올 수 없다는 부분도 공통적이지요. 두 유형에서 차이점을 찾자면, 부모의 지배 여부입니다. 부모가 앞서 나가 지휘하며 문제를 해결하는 쪽이 과보호형이고, 아이 쪽에 무게 중심이 있어 아이의 요구를 무엇이든 다 들어주는 게 맹목적 수용형 부모입니다. 결과적으로 양쪽 모두 자녀를 과보호하는 꼴이며, 다 받아준다는 면에서는 같습니다. 다만 맹목적 수용형 부모는 아이의 장래를 조금도 고려하지 않습니다. 과보호형 부모도 건강한 양육 가치관을 지녔다고 말하기는 어렵지만, 적어도 아이의 장래를 염려하는 마음이 지나쳐 과보호로 이어지곤 합니다. 반면에 맹목적 수용형은 순간순간의 아이 요구에 찰나의 응답으로 대응하는 일이 반복됩니다. 이런 점에서 두 유형의 부모가 큰 차이를 보이지요.

아이의 행동이 어떻든 다 받아주고 무슨 짓을 해도 마냥 예뻐 보이기만 하는 부모라면 '내 태도가 과연 아이의 미래에 도움이 될까?' 고민해 보세요. 요구에 원하는 대로 답해주지 않으면 아이는 그 자리에서 울거나 화를 낼지도 모르겠지만, 인내를 배우는 것도 중요한 일입니다.

또 한 가지, 어린이는 길게 생각해서 판단하기를 잘하지 못한다는 걸 기억하세요. 아이들은 지금에만 집중할 뿐입니다. 지금 고양이를 키우고 싶다는 생각이라면 그 마음은 현재에 한해서는 사실입니다. 하지만 앞으로 어찌 될지까지는 아이의 생각이 미치지 않아요. 그렇기 때문에 더더욱, 찰나의 대응이 아니라 장기적인 기준을 두고 생각할 줄 아는 어른이 곁에서 조언하며 함께 고민하는 양육 태도가 필요합니다.

04

용돈 교육이 사회 경험을 쌓아준다

아이가 요구하는 대로 용돈을 주는 습관도 맹목적 수용형 양육 태도입니다. 사례에 등장한 나루미는 어릴 때부터 줄곧 충분한 용돈을 받아오다 보니 스스로 돈을 벌 마음이 조금도 없었습니다. 용돈을 쓰며 흥청망청 놀다가 결국은 호스트 클럽에서 만난 사람에게 들이는 돈도 무작정 가족에게 달라고 조르게 됐지요.

아이가 필요할 때 필요한 만큼 쓸 돈을 주는 일이 보통이지만, 좀 더 규칙적으로 용돈 제도를 운용하는 방침을 고려해 보세요. 아이가 요구할 때마다 돈을 건네는 방식으로는 욕구불만 내성도, 금전 감각도 익히지 못합니다. 정해진 금액 내에서 정말로 갖고 싶은지를 고민하는 과정이 없다 보니 물건에 흥미도 오래가지 않고 금방 질리기 십상입니다. 갖고 싶은 걸 얻기 위해서 돈을 모으고 쓰는 계획을 세우는 과정에서 아이는 자신의 욕구가 전부 그대로 이루어지는 게 아님을 배우고, 스스로 계획하고 조정하는 경험을 할 수 있으니 용돈만큼 좋은 학습 재료도 드물지요.

용돈 제도를 어떻게 운용하면 좋을까요? 어떤 주기로 어느 정도 금액을 주는 게 좋을지는 각 가정의 가치관과 사정에 따라 다르므로 정확히 말할 수 없습니다. 다만 **핵심은 '대화'와 '계약(약속)'**입니다. 어떤 일에는 부모가 돈을 내고, 아이는 받은 용돈을 무엇에 쓸 것인가 부모와 아이가 함께 이야기를 나누어 결정해야 합니다. 문구나 참고서 등 학습에 필요한 물품은 부모가 필요할 때마다 구입해 준다, 놀이나 취미 등에 드는 일상 소비는 매월 얼마 정도의 용돈으로 해결한다, 용돈으로는 부족한 고액의 물품을 사고 싶다면 왜 그것이 필요한지 대화하고 교섭하며 가족이 함께 검토한다… 같은 대화를 사전에 하는 것이지요. 부모가 일방적으로 조건을 정하면 불만이 생기기 쉽지만, 대화와 교섭의 과정을 거치면 서로 이해를 공유할 수 있습니다.

또한 약속도 중요합니다. 규칙에 따른 운용을 기본으로 삼지 않으면 그때그때 기분에 따라 요구를 특별히 들어주고, 안 들어주고 하는 꼴인 데다, 아이 역시 그래도 된다고 생각해 버리지요. 부모부터가 "오늘은 기분이 좋으니까 용돈을 더 많이 줄게", "아까 말 안 들었으니까 이번 주 용돈은 없어" 같은 식이면 그야말로 일관성을 잃고 맙니다. **대화와 계약, 때때로 그에 따르는 교섭은 아이가 커서 사회를 살아가는 데 필수 사항**입니다. 용돈으로 아이가 사회생활을 연습한다고 생각하고 용돈 제도를 운용해 보는 건 어떨까요?

05
자신의 마음이 상대에 전해진다는 착각

오냐오냐 떠받듦 속에서 자란 아이는 '자신의 생각이나 감정이 남에게 전해지고 있다'라고 잘못 생각하는 경향이 강해집니다. 인지 편향 가운데 하나로 **투명성 착각**이라고 부르지요. 특히 가까운 이에게는 '굳이 말 안 해도 알겠지'라는 생각에 "왜 당연한 걸 이해 못 해?"라며 짜증을 낼 때가 있는데, 다들 한두 번쯤 가까운 사람 사이에서 경험해 보았을 겁니다.

'나 피곤한 걸 뻔히 알면서 왜 집안일을 나눠 하지 않는

거지?'

 '이렇게 해주면 좋겠는데, 왜 안 해주는 거야?'

 말도 안 했으면서 상대가 다 알고 있을 거라고 착각합니다. 그 밖에도 거짓말이나 비밀을 상대방에게 실제 이상으로 들켰다고 느끼거나, 상대방은 잘 모르고 있는데 이미 내용을 공유했다고 여기는 경우도 투명성 착각의 영향입니다. 누구나 빠질 수 있는 편향인데, 투명성 착각이 강하면 의사소통에 지장이 생길 수밖에 없겠지요.

 사실은 좀 더 말로 해서 자기 생각을 제대로 전해야 하는데 그러지 않고서 '왜 내 마음을 이해 못 하느냐'고 상대방을 탓하는 아이라면 주변에서 '어려운 아이, 다루기 힘든 아이'로 여길 수밖에 없습니다. 낯빛을 살피며 비위를 맞춰주는 가족 안에만 있다면 별문제가 없겠지만, 사회에 나가면 적응하지 못하고 학교나 직장에서 고립되기 쉽습니다. 덮어놓고 오냐오냐함으로써 아이가 모든 일을 자기중심적으로 판단할수록 투명성 착각은 더 강해집니다. 자신의 내면이 상대방에게 얼마나 잘 전달되고 있는지 추측하려면, 우선 스스로 자기 내면을 인식하는 동시에 상대방의 눈으로 내 모습도 '조정'해야 합니다. 상대방은 나에 대해 나만큼 알지 못하니 상대의 입장을 어느 정도 어림잡아서 나를 조정할 필요가 있는데, 오직 나 자신에게만 의식이 쏠려 있으면 상대의 생각을 헤아리기가 어렵습니다.

아이가 **이런 인지 편향에 사로잡히게 하지 않으려면 말로 확실히 자기 뜻을 전하도록 부모가 도와야 합니다.** 평소 아이 식성을 알더라도 달걀프라이를 앞에 두고 화난 표정을 짓는 아이에게 "미안해. 달걀프라이에 뿌려 먹을 간장이 없었니? 자, 여기 있어"라며 바로 간장을 건네지 말고, "왜 그러니?"라고 물어서 아이가 간장 좀 달라는 자신의 뜻을 말로 표현하게 해줍니다. 자녀에 대해 누구보다 잘 아는 부모는 굳이 말하지 않아도 아이의 심정을 잘 알겠지만, 그렇더라도 확실히 자기 마음을 전달하게 가르치는 교육이 필요합니다.

////////////// 06 //////////////

공감능력을 높이려면

자기 일은 '굳이 말하지 않아도 알잖아?'라고 여기면서, 남의 내면은 조금도 이해하지 못하고 분위기 파악도 못 하는 모습. 바로 맹목적 수용형 부모 밑에서 자란 아이에게 흔히 볼 수 있는 특징입니다. '분위기를 파악한다'라는 말은 주로 부정적인 의미로 쓰일 때가 많은데, 비언어적 정보를 읽어내 타인의 감정이나 상황을 추측하는 능력을 일컫습니다. 분위기를 파악하지 못하면 그 자리에 어울리지 않는 언동을 보여 반감을 사기 쉽지요. 집단 속에서 고립되고 단체생활에 어려움을 느끼는 원인도 됩니다. 물론 매사에 억지로 분위기를 맞춰야 할 필요는 없지만, 대개는 분위기를 파악하는 편이 좋습니다.

분위기를 파악하려면 심리학에서 말하는 '공감능력' 기르기가 필요합니다. 타인의 심정을 추측하는 연습으로 공감능력을 높일 수 있지요. 어릴 때부터 친구나 형제들 사이에서 "지금 ○○이는 기분이 어떨까?" 같은 질문을 던져 상대방의 마음을 생각해 보도록 해주면 좋습니다. 친구와 서로 장난감을 갖겠다고 싸우거나 약간의 오해로 싸움이 나는 일은 흔하니까, 그럴 때를 놓치지 않는 것이지요.

"이 장난감을 갖고 싶어서 ○○이가 가지고 놀고 있는데도 그냥 가지고 온 거야? 지금 ○○이의 기분이 어떨 것 같니?"

"△△이랑 같이 놀고 싶지 않아서 '저리 가'라고 말했어? 그런 말을 들은 △△이는 어떤 기분일까?"

어떤 패턴이 보이나요? "친구 걸 뺏으면 어떡하니, 친구한테 친절하게 대해야지"라고 혼부터 내는 게 아니라 일단 아이의 마음을 수용하고, 그다음에 상대방의 감정을 추측하도록 돕는 방식으로 말을 건네보세요.

이와 더불어, 같은 상황을 공유하더라도 그 상황에서 상대방의 마음과 내 마음이 어떻게 차이 나는지 파악하는 능력이 특히 중요합니다. '내가 기쁘니까 다른 사람도 기쁘다, 내가 슬프니까 다른 사람도 슬프다'가 아닙니다. 어린이집이나 유치원에서부터 단체생활을 하며 다양한 상황에서 여러 사람의 마음을 접하는 체험이 공감능력을 높여줍니다. **감정 표현이 잘된 그림책을 읽어주어도 효과가 좋을 거예요.** 등장인물의 표정이나 장면을 보며 타인의 심정을 이해하는 연습이 될 테니까요.

07
욕구불만 내성 부족이 가정폭력을 부른다

나루미는 가정폭력 사건을 일으켰습니다. 일본에서 소

년 비행은 전체적으로 감소 추세를 보이고 있으나 가정폭력만큼은 계속 증가하고 있습니다. 그림 5를 보면 알 수 있듯, 2021년도에는 총 4,140건을 기록했습니다. 주로 중고등학생이 많지만, 최근에는 초등학생도 크게 늘어나고 있습니다. 경시청 생활안전국에 따르면 이 4,140건 중 폭력의 대상자로 가장 큰 비율을 차지하는 사람이 어머니로, 2,352건이었습니다. 아버지는 533건, 형제자매는 453건, 그리고 동거하는 친족 161건에 이어서 기타 가재도구 등도 폭력을 행사하는 대상이 됩니다.

가정폭력 증가 원인을 특정할 수는 없지만, 지금 우리

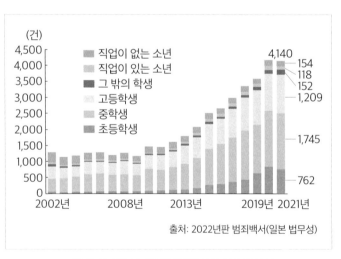

그림 5 소년 범죄로서 가정폭력 인지 건수의 추이

아이들이 다양한 스트레스에 노출되어 있다는 점을 한 가지 이유로 지적할 수 있겠습니다. 중학교 입시 과열부터 시작해 학업의 압박이 스트레스의 한 원인일 겁니다. 학교 공부, 입시 준비, 학원 등으로 바쁜 데다가 인터넷과 SNS를 통해 엄청난 양의 정보가 쏟아지다 보니 스트레스 발산이 어려운 게 아닐까요?

맹목적 수용형 부모에게서 자란 아이만 가정폭력을 일으키는 건 아니지만, 오냐오냐 자란 아이는 대체로 욕구 불만 내성이 낮고 사소한 일에도 불만을 폭발시킬 때가 많습니다. 이런 성향에 더해 부모를 향한 분노와 반항으로 가정폭력이 벌어질 수도 있지만, **집안 환경이 무엇이든지 다 받아주는 분위기이기에 만만한 집에서 스트레스 발산을 하는 경우**가 흔한 겁니다. 더욱이 사회에 잘 적응하지 못하다 보니 자연스럽게 생활의 중심은 가정이 됩니다. 그래서 불만 표출이 가정폭력으로 이어지기가 쉬운 것이지요. 또 한 가지, 가정에서 폭력을 행사하는 아이는 요즘 말로 '방구석 여포'여서 의외로 밖에서는 얌전할 때가 많다는 점도 특징입니다.

08

맹목적 수용형 양육 태도와 원시적 범죄 '강도'

아이의 요구를 오냐오냐 다 받아줄 수 있는 배경에는 자녀 수가 적다는 점과 함께 경제적 여유도 깔려 있습니다. 먹고살 만한 여유가 없으면 아이의 요구를 끝없이 들어주기 어렵겠지요. 누군가에게는 부모님이 그렇게 애정도 쏟고, 돈도 듬뿍 주니 마냥 좋게만 비칠지도 모르겠습니다.

나루미도 부잣집 외동딸이었습니다. 무엇 하나 모자람 없이 자유롭게 자라 화려한 분위기가 느껴지는 아이였습니다. 그런 모습을 부러워하는 사람도 있었겠지요. 그러나 부모 품에서 자립하지 못했다는 점은 개인에게 큰 문제입니다. 지금은 여유가 있어서 부모님이 무엇이든 다 해줄지 모르지만, 사람 일이란 알 수 없지요. 집에 여유가 없어질 수도 있고 언제까지나 부모님이 보살펴 줄 수도 없습니다. 자녀의 요구에 답하고 싶어도 그럴 수 없을 때가 반드시 찾아옵니다.

저는 한 교도소에서 극도의 맹목적 수용형 부모 밑에서 자란 남성 수감자 K를 만났습니다. K의 부모님은 지역 유지로, 막대한 규모의 부동산을 소유하고 있었습니다. 일하지 않아도 매월 상당한 수입이 들어와 K는 늘 놀며 지냈지요. 긴자의 비싼 음식점에 드나들고, 고급 승용차 네 대에 요트, 제트스키까지 갖고 있었습니다. 친구를 모아서 놀아도 돈은 자신이 쓰는 게 당연했습니다. 그런데 집이 도산해서 길에 나앉게 되자 모든 상황이 변했습니다. 수입이 사라짐과 동시에 친구들도 떠나갔습니다. 자기중심적이고 자존심만 강한 K에게 진정한 친구는 없었으니까요. 다들 돈을 보고 주변에 몰려들었던 것뿐이지요. 이미 마흔에 가까운 나이였음에도 K는 스스로 돈을 벌어본 적이 없었습니다. 사회의 규칙도 잘 모르고 분위기 파악도 못 해서 대체 어떻게 살아가면 좋을지 갈피를 잡지 못했습니다. 그러다 결국 범죄를 저지르고 말았어요. 강도였습니다.

강도는 가장 원시적인, 머리를 쓸 필요가 없는 범죄입니다. 그만큼 검거의 위험도 매우 높아서 소위 전문 범죄자는 강도 행위를 하지 않습니다(절도나 사기에 전문가가 있는 것과는 대조적이죠). 강도는 대상을 협박해 강제로 금품을 빼앗으므로 반드시 상대방과 접촉해야 합니다. 대부분 얼굴을 들킬 수밖에 없지요. 따라서 체포될 확률도 높은 범죄입니다. 그러나 K에게는 강도밖에 뾰족한 수가 없었습니다. 우체국 앞에 잠복해 있다가 연금을 받아 나온 노인을 노려 돈을 내놓으라고 협박했습니다. 그 얼마 하지도 않는 연금 강도를 수차례 반복하다가 경찰에 붙잡히고 말았지요. 집이 몰락해서 돈이 필요하다고 강도 범죄를 저지르는 단순함. 어이없기도 하고 쓸쓸한 기분도 듭니다.

K가 복역하면서 자신의 문제를 깨닫는 데에는 2년이라는 시간이 걸렸습니다. 늘 오냐오냐 떠받드는 부모 손에 자라, 사고방식이 온통 남 탓에만 머물러 있다 보니 '부모 잘못이다, 친구가 야속하다, 사회가 문제다'라는 생각에서 쉽게 벗어날 수 없었지요.

.,,,,,,,,,,,,,,,,,,,,, 09 ,,,,,,,,,,,,,,,,,,,,,
깊이 있는 내성이 필요하다

K의 갱생에 가장 큰 역할을 한 솔루션은 바로 **내관**內觀 **치료 요법**입니다. 내관 치료 요법은 원래 '자신을 알기 위한 자기 관찰'을 목적으로 개발된 방법이며 교도소나 소

년원에서 갱생 프로그램의 일환으로 자주 활용됩니다. 방법은 매우 간단한데요, 아버지, 어머니 등으로 주제를 정하고, '그 사람이 나한테 해준 일, 내가 그 사람에게 해준 일, 내가 그 사람에게 폐를 끼쳤던 일' 세 가지를 생각해봅니다. 꼭 종이에 적거나 누군가에게 이야기할 필요는 없고, 그저 자기 내면에서 떠오르는 생각과 감정을 살펴보면 됩니다. 과정은 이게 전부지만, 자신을 깊이 있게 인식하도록 돕고 현재 상황을 객관적으로 볼 수 있게 되지요(제 책,《아이를 망치는 말 아이를 구하는 말》에서 롤 레터링 Role Lettering이라는 구체적 기법과 함께 자세히 설명합니다).

내관 치료 요법을 반복하느라 시간이 걸리긴 했지만, K는 결국 남 탓하는 사고에서 벗어날 수 있었습니다. '나는 무엇을 할 수 있나'를 생각할 만큼 발전해, 출소할 즈음에는 앞으로의 인생 계획을 이야기하기도 했지요.

"스스로의 힘으로 얻은 것도 아닌, 그저 주어진 환경에 안주해서 거만하게 행동했습니다. 그 환경이 무너지자 곧바로 아무것도 할 수 없게 됐고, 모든 걸 남 탓으로만 돌리며 큰 실수도 저질렀어요. 저와 같은 실수를 저지르는 사람이 한 명이라도 줄어들 수 있다면 기꺼이 제 경험을 전하고 싶습니다…."

깨달음을 얻고 갱생을 향해 크게 힌 빌 나아간 K의 말입니다. 그 후에 어떻게 됐냐고요? 출소한 뒤의 생활을 추적 관찰할 수는 없어서, 아쉽지만 알 수 없습니다. 다만 적어도 재범으로 교도소에 다시 돌아오는 일은 없었지요. 이제부터라도 스스로 발견한 인생을 잘 살아가기만을 바랄 뿐입니다.

/////////////////// 10 ///////////////////

배우자나 조부모가 응석을 다 받아줄 때

그럼 다시 맹목적 수용형 양육 태도로 돌아가 봅시다.

"남편이 아이한테 너무 물러요."

"할아버지 할머니한테 맡기면 아이 어리광을 너무 다 받아줘서 문제예요."

아주 흔히 듣는 이야기이지요? 특히 주로 육아에 관여하는 어머니가 아이를 엄하게 지도하는 가운데, 자꾸만 주변 사람들이 오냐오냐 다 받아주는 바람에 어머니가 확고하게 교육을 할 수 없어 스트레스를 느끼는 경우가 많습니다.

"남편이 아이 행동을 다 받아주니까 아이는 남편만 따르고 저는 거의 악당이 됐어요."

이해하고도 남을 불만입니다. 사실 저도 아내에게서 수없이 많이 들은 말이니까요.

"난 이렇게나 엄하게 가르치고 있는데 당신 혼자만 착한 사람 역을 하면 어떡해?"

일 때문에 매일 귀가가 늦고 딸아이들과 함께 보내는 시간이 적은 저는 아이들을 도저히 엄하게 대할 수가 없었습니다. 그럼에도 저 스스로 딸들을 너무 받아준다는 인식은 있었지요. 그래서 우리 부부는 대화로 육아 방침을 상의해 협의하려고 늘 노력했습니다.

비행소년들의 부모를 봐온 경험에서 말하자면, 어느 한쪽은 엄하고 다른 쪽은 다 받아준다고 해서 그 자체로 문제가 되는 일은 없습니다. 오히려 역할이 나뉘어 균형이 적절히 잡혀 있을 때도 많은 것 같아요. 나루미의 가족 중에서도 누군가 엄하게 훈육하는 역을 맡았더라면 상황은 달랐을 겁니다. "동물을 키우는 건 마지막까지 책임 지고 돌봐야 한다는 뜻이야. 중간에 포기할 생각이라면 동물은 못 키워"라고 가족 가운데 하나라도 진지하게 이야기해주는 사람이 있었다면 나루미도 비슷한 실수를 반복하지 않았을지 모릅니다.

중요한 건 보호자 사이에서도 역할을 인식해야 한다는 점입니다. '우리 집은 평소 이런 규칙이지만, 할아버지 할머니가 계실 때는 특별히 저렇게 한다'라는 식으로 보호자 간 합의가 이루어져야 한다는 겁니다. 예컨대, 평소에 주스는 하루 한 잔으로 정하지만 할머니가 와서 아이들을 챙겨줄 때는 두세 잔까지 괜찮다고 합의를 봐둡니다. 그러면 보호자들도 스트레스를 덜고, 아이도 큰 혼란에 빠지지 않습니다. 바로 이 부분이 중요해요. 할머니가 미리 이야기된 대로 역할을 맡아서 균형을 잡아줍니다. 조부모로서 가끔 어리광을 받아주는 정도는 전혀 문제가 되지 않습니다. 규칙을 공유하면서 조금씩 예외를 만드는 것뿐이니까요. 어느 정도 유연하게 사고하는 편이 좋습니다. 신념이 고집이 되지는 말아야 한다고 했었지요. 방침을 너무 빡빡하게 잡으면 부모도, 아이도 답답하기만 합니다. 보호자끼리도 서로 대화하지 않고 그냥 마음속으로 '또 규칙을 무시하고 아이 어리광을 다 받아주네!'라며 생각만 해서는 안 됩니다. 육아 방침이 서로 다른 상태에서 사람에 따라 하는 말이 다르면 아이도 혼란에 빠지게 되니까요. 역할은 달리하더라도 정해진 규칙은 있어야 한다는 뜻입니다. 앞서도 말했듯이 부모 자식 사이에서든 부부 사이에서든 '말하지 않아도 다 아는' 일은 존재하지 않습니다. 내 뜻을 전하지도 않고 '왜 이해하지 못하는가'라며 스트레스를 쌓아두기보다 제대로 대화하는 게 더 좋습니다. 만약 배우자나 조부모가 아이를 너무 받아줘서 난처하다고 느낀다면, '나는 이런 방침으로 아이를 키우고 싶다'는 뜻을 전하세요. 그러면서 가능한 한 균형을 잡으려면 어떻게 해야 좋을지 대화를 나눠야 합니다. 이렇게만 하면 규칙도 없이 모두가 아이를 다 받아주거나, 모두가 아이에게 엄격한 상황보다 훨씬 나은 결과를 얻을 수 있을 겁니다.

/////////////////// 11 ///////////////////

저도 모르게 받아주는 막내의 어리광

지금까지 맹목적 수용형 양육 태도에서 벌어질 수 있는 위험을 이야기했지만, 그럼에도 여전히 '나도 모르게 어느새 아이의 어리광을 다 받아주게 된다'라고 생각하는 사람이 있을 겁니다. 아이를 사랑하니까 자신도 모르게 자꾸 무엇이든 받아주고 싶습니다. 부모가 아이의 응석을 받아주는 일이 전부 나쁜 것도 아니고요. 어디까지나 정도의 문제입니다. 한 끗 차이로 삐끗하는 걸 조심하자는 말이지요. 나루미의 사례처럼 보호자의 양육 태도가 과도한 맹목적 수용형에 치우치면 위험하지만, 부모들 대부분은 많든 적든 간에 아이의 어리광을 적당히 다 받아줍니다.

특히 자녀를 둘 이상 둔 부모들로부터 형제 중에서 막내를 더 귀여워하는 듯해 고민이라는 이야기를 자주 듣습니다. 첫째 때는 아무래도 부모에게 첫 육아여서 긴장도 되고, 책임감 있게 교육해야 한다는 의무감이 듭니다. 세간에서 좋다고 하는 육아법을 배워서 그대로 실천하고, 아이에게 여러 규제를 두기도 합니다. 그에 비해 둘째 이후부터는 긴장감이 좀 덜해집니다. 경험을 통해 자신감이 붙으니 저절로 그렇게 되지요. '이 정도는 괜찮다'라는 감각이 생긴 겁니다. 좀 더 편안한 느낌 탓에 많은 부모들이 '내가 자꾸 막내만 예뻐하게 된다'라고 생각하지만, 사실 아주 자연스러운 일입니다. 오히려 부모로서 **최대한 아이들을 평등하게 대하려는 마음이 있으니까 '막내의 어리광만 다 받아준다'라는 점이 신경 쓰여** 이 부분을 고민하는 것이겠지요.

물론 형제를 키우는 방식에 너무 차이가 나는 건 바람직하지 않습니다. 태어난 순서가 자기 책임도 아닌데, 매번 '형(오빠)이니까 또는 누나(언니)이니까' 참으라고 하면 아이 본인에게는 얼마나 답답할 노릇일까요. 개성을 보지 않고 역할만 강요하면 문제가 생깁니다. 굳이 출생 순서에 따라 차이를 둘 필요는 없지요. 어쩔 수 없이 생기는 차이가 보인다면 그 부분이야말로 부모가 보완하면 됩니다. 때로 큰아이에게만 집중하는 날을 만들어도 좋지 않을까요?

예쁨만 받는 막내 입장에서도 마냥 예쁘다, 잘했다 하면 '부모님이 나한테는 아무런 기대를 하지 않는다'라고 느낄지 모릅니다. 과도한 기대도 부담스럽지만 기대받지 못한다는 느낌도 씁쓸하기는 마찬가지일 거예요. 그러니 막내에게도 적극적으로 '네 장래를 함께 생각하고 싶다, 응원한다'는 마음을 전해주세요.

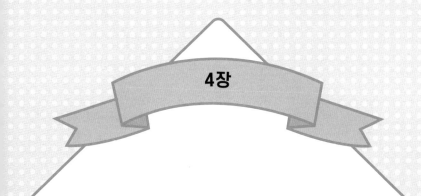

사랑에 굶주린 아이

사랑의 반대말은 무관심입니다

[죄명] 성매매 방지법 위반

자신을 친근하게 대해준 불량배 집단의 남자 조직원과 공모하여 불법 성매매 알선책으로 일했다.

아야노의 집은 맞벌이 가정이었다. 부모님은 중학교 동급생으로, 동창회에서 만났을 때 업무 이야기로 서로에게 호감을 느껴 교제를 시작했다고 한다. 그만큼 일에 애정이 많았다. 아야노의 어머니는 영업이 천직이라 여기는 사람인데, 임신 사실을 알았을 때 휴직계를 내야 한다는 사실에 공백기가 생기면 경단녀[5]가 될 거라는 불안감부터 치솟았다. 애당초 아이를 원한 적이 없었다. 일단 낳으면 심경이 변할 줄 알았는데 전혀 그렇지 않았다. 곧바로 직장에 복귀해서 아침부터 밤까지 일했다. 아버지도 딸에게 관심이 없었다. 원래부터 출장도 잦고, 평일에는 거의 집에 들어오지도 않았다. 가끔 집에 오더라도 인맥 관리를 해야 한다며 골프나 치러 나갔다. 아야노의 생일도 전

---

5   경력 단절 여성을 줄여 이르는 말.

혀 신경 쓰지 않았고, 딸이 지금 자기가 몇 살인지 아느냐고 물어도 바로 대답하지 못했다.

아야노의 부모님은 고소득 전문직 맞벌이 부부인 소위 '파워 커플'로, 벌어들이는 돈이 많았다. 어머니는 일하러 다니니 집안일을 못 하는 건 당연하다고 생각하며 가사는 조금도 챙기지 않았다. 그러나 가사도우미 등 여러 서비스를 활용한 덕분에 집은 언제나 깔끔하게 유지됐다. 그리고 아야노에게는… 부모님 모두 부정적이거나 공격적인 태도를 보이는 일이 전혀 없었다.

"차 조심해."

"친구들이랑 친하게 지내."

"뭐 원하는 거 있으면 알아서 사."

두 사람 다 딸에게 이 정도 말은 해줬으니 '부모 역할은 하고 있다'라고 생각했다.

아야노의 문제 행동은 이른 시기부터 나타나기 시작했다. 우선 초등학교에서의 규칙을 잘 지키지 못했다. 숙제를 잊는 것은 물론이고, 감사 인사 없이 급식을 먹는 등 기본적인 생활 습관을 갖추질 못했다. 친구들과 충돌하는 일도 잦았고, '순서를 지키지 않고 새치기를 한다, 상대방의 마음을 배려하지 않고 남에게 상처 주는 말만 한다' 같은 평판을 받기 일쑤였다.

초등학교 3학년 때 아야노는 공원 철봉에서 떨어져 다치고 말았다. 피투성이가 된 무릎을 보고 '이만큼 다쳤으니까 엄마도 날 봐줄 거야. 걱정해 주겠지?'라고 생각했다. 어머니가 돌아올 때까지 되도록 그 상태 그대로 두고 기다렸다.

"엄마, 이것 좀 봐! 오늘 공원에서 넘어졌어. 피가 많이 났단 말이야."

현관에서부터 어머니의 시선을 붙들어 보려 했지만, 어머니는 아야노를 흘끔 보더니 재킷을 벗으면서 "그 정도는 누구나 다쳐. 소독은 잘 해두렴"이라는 말뿐이었다. 아야노는 크게 실망했다. 부모님은 자신을 도와주지 않았다. 자신에게 관심을 가져주는 사람은 단 한 명도 없었다.

열네 살 때 아야노는 절도로 소년분류심사원에 들어가게 됐다. 반 친구의 급식비를 몇 번이나 훔쳤기 때문이다. 아야노는 소년분류심사원 직원에게 "내가 무슨 잘못을 했다는 거예요? 눈에 보이는 데 돈을 둔 사람 잘못이지"라는 식으로 변명만 할 뿐, 질문을 받아도 아무 대답을 하지 않았다. 이름이 뭐냐는 본인 확인 질문마저 무시하고 직원을 노려보기만 했다. 다만 면회자가 왔다는 사실을 알리자 아야노는 고개를 번쩍 들고 누구냐고 물으며 직원을 쳐다봤다. 어머니가 왔다고 생각했기 때문이다. 직원이 담임 선생님의 이름을 대자 아야노는 낙담했다. "아무도 만나고 싶지 않아요"라며 면회를 거절했다. 이때는 처음으로 벌인 사건이라서 아야노는 '보호관찰처분'만 받고 집으로 돌아갈 수 있었다.

두 번째로 소년분류심사원에 가게 된 건 열아홉 살 때였다. 이번엔 각성제 복용이 문제였다. 또래 친구들과 잘 어울리지 못했던 아야노는 우연히 폭력조직 조직원과 알게 되어 그와 교제하다가 각성제에 손을 댔다. 이때는 부모님이 면회를 왔다. 그러나 아야노는 면회를 거부했다. 직원이 부모를 면담했을 때, 두 사람은 태연하게 말을 쏟아냈다.

"제대로 밥도 먹였고 옷도 사줬어요. 멀쩡한 집도 있다고요."

"돈 때문에 어려움을 겪게 한 적은 한 번도 없습니다."

"아이를 학대한 적도 없어요. 지나치게 간섭하지도 않았고요."

"어릴 때부터 자주성을 존중했어요."

가정법원은 요보호성이 높다, 즉, 아야노의 성격이나

환경을 볼 때 다시 비행을 저지를 가능성이 있다고 판단했으나, 각성제를 상습 복용하지 않았다는 점과 성인 남성의 유도로 범행을 저지른 사실을 참작해 한동안 상황을 지켜보는 '시험 관찰'을 결정했다. 아야노는 다시 집으로 돌아갔다.

스무 살이 넘었을 무렵, 아야노는 유흥업소에서 일하기 시작했다. 무뚝뚝한 태도가 '도도한 여왕님' 같다며 손님들 사이에서 큰 인기를 얻었다. 하지만 아무리 가게에서 인기가 많아도 아야노의 외로움은 사라지지 않았다. 그나마 외로움을 잊게 해준 사람이 '린토'라는 가게 매니저였다. 린토는 일도 잘하는 데다 가게 종업원들에게 두루 친절해, 아야노는 어느새부턴가 린토에게 호감을 품었다.

몸이 안 좋아서 자고 있던 어느 날, 린토가 찾아왔다.

"괜찮아? 약 사왔으니까 이거 먹고 쉬어."

아야노는 눈물을 멈출 수가 없었다. 린토는 오열하는 아야노의 어깨를 다정하게 안아주었다. 린토와 친해지고 나서, 그 역시 집에서 외롭게 컸다는 걸 알게 됐다. 완전한 무시 속에서 자라 사회에 적응하는 데 매우 어려움을 겪었다고 한다. 사실 린토는 '한구레'라는 불량배 집단의 멤버였다. 젊은 사람 위주인 조직원 중에는 비슷한 가정 환경에서 자란 사람이 많았다. 서로 별로 간섭하지 않고 각자의 돈벌이에 조직의 힘을 이용해도 되는 분위기였다. 린토는 유흥업소 매니저 일을 하면서 뒤로는 조직을 통해 종업원들에게 거액의 빚을 지워 성매매를 알선하는 일을 생업으로 삼고 있었다. 교묘한 언변으로 가게 여자들을 꼬드겨 빚을 지게 하고, 액수가 커지면 성매매로 갚으라고 시켰다. 아야노도 린토의 수법에 완전히 넘어가 빚이 순식간에 늘어났다. "어쩌지? 이러다가 파산하겠어"라며 불안에 떠는 아야노에게 린토가 성매매 알선 일을 돕지 않겠느냐고 제안했다. 거절할 이유가 없었다. 아야노는 성매매 알선책으로 활동하다가 결국 경찰에 체포됐다.

CASE 해설: 무관심형 양육 태도란?

무관심형 부모는 아이에게 관심이 부족하고, 부모 자신을 중심으로 생활합니다. 의식주만 보장하면 부모의 책임과 의무를 다했다고 여기는데, 그 바탕에는 애정 부족이 자리하고 있지요. 물리적으로는 큰 문제없이 생활할 수 있을지 몰라도 아이는 **애정 결핍 상태**에 빠집니다. **피해**

의식과 **소외감**이 강해지고, 자신을 소중히 여기는 마음도 기르지 못합니다.

무관심형 부모에게서 자란 아이는 기본적인 생활 태도를 제대로 교육받지 못한 경우도 많아 단체생활에 적응을 힘들어합니다. **의사소통 능력**이 부족하며 인간관계에서 문제를 일으키는 일도 잦지요. 외로움 탓에 가정 이외에서 자기의 보금자리를 찾으려다 탈선, 비행으로 이어지는 경우도 있습니다.

겉으로는 부모의 의무를 다하는 것 같아도…

아야노의 부모님은 두 사람 모두 직장 중심으로 생활하고, 자녀 양육에는 관심이 전혀 없었습니다. 의식주를 보장해 주니까 아무 문제가 없지 않느냐는 태도였지요. 실제로 경제적으로 여유도 있고 일상생활에 큰 문제도 없었습니다. 직접 만들지는 않아도 아이에게 영양가 있는 식사를 제공했고, 쾌적한 집에서 살았습니다. 표면적으로는 부모다운 말도 해주긴 했습니다. '차 조심해라, 친구랑 사이좋게 지내라, 갖고 싶은 게 있으면 사라'는 말들이요. 아이에게 손찌검을 하거나 폭언을 내뱉는 일도 전혀 없어, 부모의 일이 바쁘다는 것만 빼면 겉으로는 평온한 가정처럼 보였을 겁니다. 바쁜 맞벌이 생활을 하는 부모라면 아야노네 분위기를 보고 '우리 집과 좀 비슷하네'라고 느낄지도 모르겠어요. 그러나 결정적인 차이가 있을 겁니다. 귀찮아서 부모가 아이의 이야기를 제대로 듣지 않는다는 점이지요. "지금은 바쁘니까 나중에 들을게"도 아니고 계속, 항상 안 듣습니다. 아이에게 관심이 없으니 늘 자신만이 최우선, 아이는 우선순위에 없습니다.

아야노가 철봉에서 떨어져 다쳤을 때의 에피소드가 이 가정의 분위기를 상징합니다. '이번에는 엄마가 내 말을 들어주고 걱정해 줄 거야'라는 아야노의 기대는 현관 앞에서 곧바로 무너지고 말았습니다. 얼마나 큰 충격이었는지, 아야노는 면담에서 10년도 넘은 예전 일을 상세하게 말해주었습니다. 맨 처음 소년분류심사원에 들어갔을 때는 또 어땠나요? 부모님은 면회조차 오지 않았습니다. 아야노의 문제 행동을 도와달라는 SOS로 인식하지 않고, 귀찮은 일, 나와 상관없는 사고로 치부해 무시하는 반응만 보였지요.

02
갱생이 어려운 비행소년

갱생이 가장 어려운 유형이 무관심형 부모 밑에서 자란 비행소년입니다. 소년원의 갱생 프로그램을 따라 교육을 받고 사회 복귀를 위해 아무리 애를 써도, 소년원을 나서면 돌아가는 곳이 원래 살던 집뿐이지요. 집에는 여전히 무관심형 부모가 있습니다. 무관심형 부모는 특히나 태도가 변하기 어려워서, 아이가 겪은 일에 제대로 반응하지 않아요. 아이를 도와주지도 않습니다. 애정 결핍인 아이가 어딘가에 매달리고 싶어도 의지할 데가 없지요. 그래서 결국, 이미 범죄에 노출된 집단 같은 적절치 못한 곳에 매달리게 됩니다. 아야노의 경우는 폭력조직과 불량배 집단이었습니다. 결국 또다시 범죄에 휘말리는 일이 반복돼 소년원이나 교도소로 되돌아오게 되지요.

주변에서 도와주는 사람이 없으면 비행소년의 갱생은 매우 어렵습니다. 이는 제가 소년분류심사원 직원으로 소년원에 가서 '분류심사[일본에서는 '처우감별'라고 하나, 이 책에서는 우리나라에서 운영하는 비슷한 과정명으로 대체합니다.]'를 하면서 너무나 실감했던 부분입니다. 분류심사란 소년원에 들어간 비행소년의 교육 상태를 평가하기 위한 면담, 심리 검사, 행동 관찰 등을 포함한 일련의 심리분석 과정입니다. 맨 처음 소년분류심사원에서 행한 심리분석 결과를 기초로 교육 프로그램을 짜고 이를 소년원에서 실행하는데, 일정 기간이 지난 뒤에 그 성과를 사정하는 절차이지요. 처음 짰던 교육 프로그램이 잘 진행되고 있는지, 수정할 부분은 없는지 검토하는 게 목적입니다.

분류심사를 거치면서 비행소년의 마음에 큰 변화가 생

기는 듯합니다. 소년원에 막 들어왔을 때보다 자신을 객관적으로 볼 수 있게 되었기 때문입니다. 자신의 문제를 깨닫고 개선하려는 의욕을 보입니다. 사회에 복귀하면 어떻게 하고 싶다는 마음도 싹터 있습니다. 다만 막상 소년원에서 나갈 날이 가까워지면 공포감이 커집니다. '소년원을 나가기 싫다, 좀 더 여기에 있고 싶다'고 말하는 아이들이 적지 않습니다. 왜일까요? 안타깝게도 '부모님 집으로 돌아가는 게 불안하다, 그 환경으로 돌아가는 게 걱정된다'는 겁니다.

물론 소년원에서는 원래 있던 환경으로 돌아갔을 때 발생할 일을 상정해서 미리 훈련을 합니다. 예를 들어, 불량배 집단 조직원 중 한 명과 마주치고 그가 말을 거는 장면을 상정하는 식이지요.

"많이 힘들었겠다. 보나 마나 가족은 또 널 무시했겠지? 내가 일자리 소개해 줄 테니까 따라와."

이런 역할극을 하면서 실제로 대답도 해봅니다. 팔을 붙들리면 뿌리치는 연습도 하고요. 훈련을 몇 번이나 반복하다 보면 어떤 일이 닥쳐도 어느 정도 벗어날 수 있다는 자신감이 생깁니다. 그래도 현실은 더 어렵지요. 근처에 고민을 들어주고, 도와줄 사람이 없는 경우에는 다시 범죄의 길로 되돌아갈 때도 있습ㅣ다.

무관심형 부모가 빠지기 쉬운
행위자-관찰자 편향

"우리는 해줄 수 있는 걸 다 해줬는데도 아이가 제멋대로 잘못을 저질렀어요."

무관심형 부모는 아이의 행동을 자신과 분리합니다. 오히려 아이가 자신들에게도 민폐를 끼친 듯 말하지요. '문제가 발생한 건 다 아이 자신이 원인이다, 성격이나 가치관 등 아이의 내면에 문제가 있거나 혹은 능력 부족이 문제다'라며 부모 자신에게는 전혀 원인이 없다고 생각합니다.

이런 사고방식은 **행위자-관찰자 편향**의 일종입니다. 우리는 타인의 행동은 그 사람의 내적 특성에 요인이 있다고 보고, 자신의 행동은 환경 등의 외부 상황이 요인이라고 여기는 경향이 있거든요. 그래서 자신도 모르게 '아이가 이런 성격이어서 문제를 일으켰다, 내가 아이를 살피지 못한 건 회사 일로 바빠서였으니 어쩔 수 없었다'는 식으로 생각하기 쉽습니다. 하지만 냉정히 따져보면 좀 이상하지 않나요? 타인의 행동도, 나의 행동도 내적인 특성과 외부 상황 양쪽 모두에 영향을 받는 게 당연한데 말이에요.

행위자-관찰자 편향이 강하면, 아이의 비행이나 문제 행동을 마주했을 때 부모는 깊이 있게 내성하지 않습니다. 자신의 내적인 특성에서 비롯된 문제가 아니라고 생각하니까요. 부모로서 체면이 중요하니 반성하는 척은 하지만, 진정으로 자기 자신과 마주하지 않는다면 문제의 원인은 쉽게 해소되지 않을 겁니다.

04
아이에게 관심 없는 부모의 생활

아야노의 부모님은 그나마 일에 빠져 살았지만, 일도 아닌 취미나 유흥이 생활의 전부라 아이한테 관심을 전혀 쏟지 않는 부모도 있습니다. 심하면 술이나 도박 등에 빠져서 집을 수시로 비우는 사람도 있고요. 집에 돈은 두고 나왔으니 그거면 된다는 태도지요. 식사를 차려주는 건 기대하지도 못합니다. 이런 집에서 자라는 아이는 네다섯 살 때부터 벌써 음식 배달을 시킬 줄 압니다. 스스로 가게에 전화를 걸어 배달음식을 주문하지요. 가게 쪽도 이미 익숙해져서 "아아, 그 집 말이구나" 하며 바로 주소를 알아차릴 정도입니다. 주변 어른이 사정을 안다고 해도 부모가 아이에게 폭력을 쓰거나 밥을 먹이지 않는 것도 아니어서, 좀처럼 개입하기 어렵습니다.

아야노의 사례에서 함께 등장한 린토는 이런 무관심형 가정에서 자랐습니다. 나름대로 열심히 살아왔지만, 옳은 방식으로 사회에 적응하기는 어려웠던 모양입니다. 린토가 아야노에게 접근한 건 돈 때문이었습니다. 자신의 이익을 위해 남에게 다정하게 군 것뿐이었지, 진정으로 아야노를 걱정하지는 않았지요. 린토 역시 근본적으로 무언가가 결핍된 채 자랐다고 봐야 할 겁니다.

///////////////////// 05 /////////////////////
정서적 무시

아야노의 부모님은 면담에서 '학대한 적이 없다'라고

말했습니다. 그러나 아이에게 무관심한 태도, 애정으로 아이를 대하지 않는 태도도 학대 유형 가운데 하나인 '정서적 무시'에 해당합니다. 먼저 일본 후생노동성이 정의하는 학대의 종류를 살펴보도록 합시다.

신체 학대 주먹 가격, 발로 걷어차기, 때리기, 내던지기, 세게 흔들기, 화상 입히기, 물에 빠트리기, 목 조르기, 밧줄 등으로 신체 구속하기…

성적 학대 어린이에게 성적 행위하기, 성적 행위 보이기, 성기를 만지거나 만지게 하기, 포르노그래피의 피사체로 삼기…

무시 집에 가둬두기, 식사를 주지 않기, 불결한 채로 놔두기, 자동차 안에 방치하기, 심각한 병에 걸려도 병원에 데려가는 등 적절한 치료를 제공하지 않기…

심리적 학대 언어 협박, 무시, 형제 간의 차별 대우, 아이 앞에서 다른 가족에게 폭력 행사(가정폭력), 형제를 학대하는 행위 보이기…

정서적 무시는 '무시'의 하위분류에 해당하며 '애정을 주지 않는다, 관심을 보이지 않는다, 아이의 감정을 이해하려 하지 않는다' 등 정서적인 면에서 관여를 게을리하는 태도를 일컫습니다. 이는 아이에게 매우 괴로운 일인데도, 주변 사람이 알아차리기 어렵고 안다 해도 개입이 쉽지 않습니다. 아야노의 부모님이 그랬듯 무관심형 부모는 "식사도 잘 챙겨주고 학교도 제대로 보내요. 원하는 건 다 사주고 있어서 무엇 하나 불편한 생활을 하게 두지 않는데 대체 뭐가 문제라는 거죠?"라고 말합니다. 그리고 아이의 비행이나 문제 행동을 마주하면 당연히 아이 멋대로 나쁜 짓을 저지른 거지, 자신과는 아무 상관없다는 태도를 보이고요. 이런 부모들은 아이의 행동에 관심을 갖게 하는 것 자체가 매우 어렵습니다. 설령 "당신이 지금 하는 행동은 정서적 무시이니 당장 그 태도를 고쳐야 합니다"라고 알려준다 해도, 그동안 없던 애정이 갑자기 생겨나지는 않을 테니까요.

,,,,,,,,,,,,,,,,,,, 06 ,,,,,,,,,,,,,,,,,,,

왜 아이를 사랑하지 못하는가?

아야노의 부모님은 소위 말하는 '속도위반'으로 결혼했

습니다. 부부 모두 아이를 원하지는 않았으나 뜻밖의 임신으로 가족이 되었지요. 처음부터 아이는 짐에 불과했습니다. 물론 속도위반 결혼이나 혼전 임신이어도, 언젠가는 아이를 갖고 싶다는 생각이 있으면 흔쾌히 서로 동의하고 아이를 기다리는 경우도 있습니다. 임신과 결혼의 순서를 떠나 아이를 바라는가 바라지 않는가가 양육 태도에 큰 차이를 주지요. 또한 젊은 시절에는 아이를 그다지 좋아하지 않았어도, 실제로 부모가 되면 아이가 귀여워서 견딜 수 없다는 사람이 대부분입니다. '과연 나 자신을 잠시 내려놓고 아이를 중심으로 생활할 수 있을까? 학대라도 하면 어쩌지?'라며 과도하게 걱정할 필요는 없습니다. 그런 문제는 막상 닥치면 대부분 자연스럽게 해결이 되니까요.

다만 실제로 아이가 생겨도 마음이 움직이지 않는 사람이 있기는 합니다. 아마도 그 사람 역시 애정을 받으며 크지 못해서 아이와 정서적인 관계를 맺는 데 어려움을 느낀다는 게 일부 이유일 겁니다. **학대의 연쇄가 일어나기 쉽다**는 사실은 널리 알려져 있습니다. 자신이 경험한 양육 방식을 자기 아이한테 그대로 적용하는 건 그런 방법밖에 모르기 때문입니다. 또한 부모 자신이 치유되지 못한, 회복되지 않은 상처를 안고 있기 때문일 것입니다. 이런 심리 문제는 가족끼리 해결하기는 어려우니 전문 기관에서 상담 등 도움을 받을 필요가 있습니다.

//////////////////////// 07 ////////////////////////
학대 증가의 배경

후생노동성이 정리한 자료(그림 6)에 따르면, 아동 상담소의 아동학대 상담 건수는 꾸준히 증가해 2021년도에는 20만 7,660건에 이릅니다. 가장 많은 비율을 차지하는 내용은 심리적 학대로, 약 60퍼센트에 해당하는 12만 4,724건이라고 합니다.

왜 이렇게 학대가 증가하는 걸까요? 우선 한때는 가정 내 문제로만 여기고 간과했지만 '학대는 범죄다'라는 인식이 퍼져 사회 문제로 대응하게 됐다는 점을 꼽을 수 있습니다. 특히 일본에서는 '아동학대방지법(아동학대방지 등에 관한 법률)'이 2000년부터 실시되고 법 정비가 이루어지면서 2019년 개정에서는 체벌이 명확히 금지되며 아동 상담소의 개입 기능이 강화되었습니다. 또한 사회 환경 변화로 부모 한 명이 짊어지는 육아 부담이 커졌다는 점도 학대 증가의 한 가지 원인입니다. 한부모 가정, 빈곤, 독박 육아 등 부모 자신에게 여유가 없는 와중에 생긴 뒤틀림이 아이에게 향하고 만 것이지요.

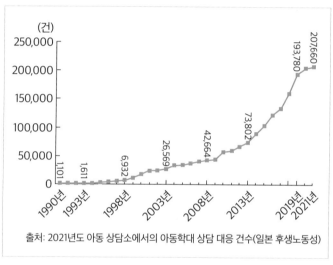

출처: 2021년도 아동 상담소에서의 아동학대 상담 대응 건수(일본 후생노동성)

그림 6 아동학대 상담 대응 건수의 추이

//////////////// 08 ////////////////

고독한 육아가 가장 위험하다

육아는 때때로 고독합니다. 원래 육아라는 게 뜻대로 되지 않을 때가 많아서 고민하고 자신감을 잃는 일이 비일비재하지요. 그렇다 해도 부부끼리 대화를 나누고, 신뢰할 만한 사람과 상의하거나 지역 공동체에 도움을 구하면서 문제를 헤쳐나갈 수 있습니다.

예전에는 동네 전체가 함께 아이를 키우는 분위기가 좀 더 강했습니다. 이웃 아이가 나쁜 짓을 하면 누구라도 그걸 꾸짖는 사람이 있었고, 어려움에 처한 아이에게 말을 걸거나 도와주는 일도 당연하게 여겼지요. 지역사회 전체가 아이를 돌보고 어려운 일이 있을 때 서로 돕고 산다는 가치관이 특별한 게 아니었습니다. 그러나 도시화 및 핵가족화가 이루어지면서 지금은 그런 분위기를 찾아보기 힘듭니다. '동네에 무서운 아저씨가 있다' 하면 바로 경찰에 신고부터 들어가는 시대입니다. 부드럽게 말을 걸어도 의심부터 할 수밖에 없는 세상이니 편하게 말을 걸기도 힘들어졌지요. 게다가 양육을 의지할 만한 부모님이나 형제들이 멀리 사는 경우도 많아졌습니다. 그래서 요즘 부모들 대부분은 육아를 전부 혼자 짊어집니다.

저는 공동체 육아로 쌍둥이 딸들을 키운 시기가 있었습니다. 딸들이 아주 어릴 때부터 초등학교 3학년이 될 때까지 도쿄 구치소의 관사에서 살았는데, 그곳은 요즘 시대치고는 드물게도 마을 공동체 사회였습니다. 누가 어디서 무엇을 하는지 전부 정보가 공유되는 세계랄까요? 집에서 각자라기보다 공동체 전체가 아이를 키우는 환경이었습니다. 제가 일로 밤에 늦게 귀가하면 아내와 아이들이 집에 없을 때가 종종 있었는데, 알고 보니 같은 관사 부지 내에 있는 친구 집에 놀러 가서 다 같이 밥을 먹고 씻고 그대로 자고 있곤 해서 그랬던 것이었죠. 아이들이 자는 사이 엄마들끼리는 육아 주제로 이야기꽃을 피웠습니다. 다 가족 같은 사이니까 서로 거리낌이 없었어요. 그렇게 제 딸아이들은 지역 공동체 속에서 이웃의 도움을 받으며 건강하게 자랐습니다. 내가 모르는 사이에 이웃이 늘 도와준다는 건 참으로 고마운 일이었습니다. 공동체 육아의 장점을 몸소 실감했던 소중한 경험이었지요.

물론 공동체가 잘 굴러가지 않을 때도 있고, 혼자 키울 땐 몰랐던 어려운 면도 있을지 모릅니다. 그럼에도 **가장 위험한 방식은 고독한 육아**가 아닐까 합니다. 부모 혼자 짊어지는 부담이 너무 크면 때때로 버텨내지 못하는 순간이 옵니다. 가족이라는 닫힌 세계에 머물며 고민을 상담할 사람도 없는 경우, 감정의 화살은 아이에게 향합니다. 앞에서 언급한 확증 편향 역시 고독한 육아를 할수록 강해지며, 양육 태도에 쏠림 현상이 생기기 쉽습니다. 양육 과정에 다른 사람의 눈이 개입하지 않으므로 자신이 하는 방식이 올바르다고 생각하고, 다른 길도 있을 수 있다는 걸 전혀 눈치채지 못하지요. 이런 여파 역시 고스란히 아이에게 향합니다.

지역 전체 규모의 공동체 육아는 어려운 시대이지만, 가까이에 함께할 만한 공동체가 분명 있을 겁니다. 문화 센터 같이 부모와 자녀가 함께 다닐 수 있는 공간이나 정부가 제공하는 육아 상담소, 동네의 육아 모임 등 기댈 만한 장소가 있다면 정신적인 부담을 크게 줄일 수 있지 않을까요? 아이에게도 새로운 친구를 만나거나 부모 이외의 어른과 대화할 기회가 생기니 일석이조입니다. 주변에서 이런 커뮤니티를 찾아 꼭 활용해 보기 바랍니다.

//////////////////// 09 ////////////////////
고민을 들어줄 창구

무관심형 부모에게서 자란 아이는 **자기 통제력이 낮고** 공격적이거나, 의사소통 능력이 매우 부족합니다. 그래서 아이의 이야기를 듣기도 쉽지 않을지 모르지요. 학교 관계자이든, 아이 주변 사람이든 자신의 힘만으로 문제를 해결하려 들지 말고, 꼭 전문가의 조언을 들어보세요. 우선 학대가 의심되는 경우, 최대한 빨리 신고해야 합니다. 신고하지 않거나 혹은 신고가 늦어져서 결국 아이가 피해를 입는 사건을 저는 수없이 봐왔습니다. '신고'라는 말이 무겁게 느껴질지도 모르지만, 그냥 한번 상담만 받아보자는 식이어도 괜찮습니다. 전문가가 상담 내용에 관한 조언과 지도, 그리고 도움을 줍니다. 상황에 따라서는 가족에게서 아이를 분리 조치해 줄 수도 있습니다. 어린이의 안전 확보가 최우선이니까요. 특히 정서적 무시 같은 경우에는 주변에서 알아차리기도 쉽지 않고 책임 소재도 특정하기 힘듭니다. 그러나 아이로부터 반드시 어떤 문제 행동을 찾아볼 수 있을 겁니다. 사례의 주인공 아야노도 초등학교에서부터 기본적인 규칙을 지키지 못하고, 늘 작은 문제를 일으켰지요. 한국에서는[6] 보건복지상담센터의 위기대응 상담팀에 상담을 요청할 수 있습니다. 온라인

---

[6] 원문은 일본의 상담기관을 안내하는 내용이나, 여기는 국내 기관 소개와 이하 국내 상담기관 연락처로 대체한다.

상담도 가능하니 편하게 문의해 보세요.

▶ 아동학대 신고 전화
거주지 관할 구청 또는 112
▶ 보건복지상담센터
전화상담 129, 영상 및 채팅 상담 가능

10
비행에 빠지는 이유: 학대 회피와 심리적 거리

　비행소년들 가운데는 학대받으며 자라온 경우가 많습니다. 학대에서 벗어나려다 비행에 빠지는 **학대 회피형 비행**도 적지 않지요. 가출만이 아니라 가출에 필요한 비용을 마련하려고 금품을 훔치거나 빼앗는 행위도 학대 회피형 비행에 포함됩니다. 여기서 끝이 아닙니다. 학대를 피하겠다는 원래 목적은 어느새 잊고 점차 비행이 본격화되지요. 노는 게 좋다 보니 집에는 돌아가지 않고, 도둑질을 하거나 스릴을 찾아다니는 쪽으로 목적이 달라져 자극과 쾌락만을 좇는 비행으로 옮겨가게 됩니다. 아이들에게는 학대받는 집보다 어울려 놀 수 있는 비행 집단에 있는 게 훨씬 마음이 편합니다. 어찌 보면 동병상련을 느끼는 집단이지만 같은 아픔을 느끼니 아무도 내 마음을 몰라주는 집보다 차라리 낫다고 생각합니다. 그렇게 점차 가정을 회피하는 이상으로 비행 집단과 적극적으로 얽히게 되지요.

전국의 소년분류심사원에 수용된 소년을 대상으로 **심리적 거리** 조사를 실시한 적이 있습니다. SD법[7]이라는 개념의 의미 내용 분석 방법을 통해 아버지, 어머니, 형제, 친구 등에 대한 마음의 거리를 조사해 보니, 가족보다 친구와의 심리적 거리가 더 가깝다는 결과가 나오더군요. 보통의 경우라면 가족이라는 개념을 '가족은 나를 이해하고 인정해 준다, 가족에게는 무엇이든 상의할 수 있다'로 생각해야 하는데, 심사원의 소년들은 전혀 그렇지 않았습니다. 오히려 비행 집단의 친구들을 더 믿고 소중하게 여겼지요.

폭력조직을 떠올려보세요. 조직원들이 강한 유대감으

---

7 '좋다-나쁘다', '멀다-가깝다' 등 상반되는 의미의 짝을 평정 척도로 사용해, 지정한 개념의 의미를 개인이 어떻게 받아들이는지 측정하는 방법.

로 '유사 가족'을 만들어서, 가족을 위해서라면 무슨 짓이든 할 수 있다는 식으로 행동합니다. 저는 이런 조직원들의 심리분석을 상당수 진행했는데, 우두머리를 '부모'라고 부르며 따르는 모습을 자주 보았습니다. 부모처럼 자신을 이끌어주는 걸 고마워하고 "이런 저를 돌봐주는 부모를 위해서라면 무엇이든 하겠습니다"라는 말도 공공연히 합니다. 상황에 따라서는 적대 집단을 혼자 습격하는 히트맨 역할까지도 알아서 나섭니다.

비행 집단에 들어가는 소년들도 거기서 나쁜 짓을 한다는 사실을 잘 압니다. 위험하다는 것도 인지하고 있어요. 그런데도 집보다 그쪽이 더 좋습니다. 그 심정 자체를 이해 못 할 바는 아니라는 점이 씁쓸하기만 합니다.

////////////////// 11 //////////////////
애정 결핍 상태를 파고드는 범죄의 유혹

보호자로부터 충분한 애정을 받지 못하면 애정 결핍 상태로 자랍니다. **애정 결핍인 사람은 누군가 평범한 수준으로 잘해주기만 해도 과도하게 반응**하며 격하게 매료되

기 쉽습니다. 무관심형 부모 밑에서 자란 아이는 의사소통에 어려움을 겪을 때가 많아서 '아무도 나를 상대해 주지 않는다'라는 고독감을 강하게 느낍니다. 그럴 때 누군가가 다정하게 대해준다면… 사회적인 시야도 좁아서 '이 사람밖에 없다, 이 사람을 위해서라면 뭐든 다 할 수 있다'라고 느끼기까지 합니다. 전문 범죄자가 보기에는 아주 괜찮은 먹잇감이지요. 다정하게 말을 걸어 유사 가족이나 유사 연인 사이가 됐다가, 적당한 때가 오면 범죄의 수단으로 이용합니다. 너무 슬픈 일이지요.

소년분류심사원에서 심리분석을 하면서 이런 패턴으로 비행에 빠지는 소년을 여럿 만났습니다. 하나같이 비행 사실을 인정하면서도 '후회하지 않는다'고들 했는데, 사랑하는 사람을 위해서 한 행동이니까 그 사람에게 도움이 됐다고 믿는 것이지요. '이용당했다'고 말해줘도 절대 인정하려 들지 않을 겁니다. 제가 본 사례 중에는 연인을 위해 장기 매매에까지 가담한 사람도 있었습니다. 이유를 물으니 '버림받고 싶지 않아서'라고 말하더군요. 이런 일은 그 누구에게도 절대로 일어나선 안 된다고 생각합니다.

12

나쁜 집단에서 벗어나려면

비행 집단이나 범죄 조직에 몸담은 아이가 있을 때 벗어나게 하려면 어떻게 해야 할까요?

"거긴 나쁜 곳이니까 당장 나와."

이건 아무 의미도 없는 말입니다. 아이도 나쁜 짓을 한다는 정도는 압니다. 경찰에 붙들려도 상관없다고까지 생각하는 걸요. 말보다 중요한 점은 아이가 그 집단에서 무엇을 바라는지 파악하는 겁니다. 교도소 수감자들에게 폭력조직에서 벗어날 수 있도록 돕는 교육을 할 때, 저는 그들이 **왜 그곳에 있었는지**에 귀 기울이려 했습니다. 권위를 바라는 사람도 있었는가 하면 보금자리를 찾으려 했던 사람도 있었지요. 가족 비슷한 존재를 찾는 이도 있었습니다. 폭력조직에 그런 게 있어 보이고, 있다고 믿으니 이탈이 어렵습니다. 실제로 이탈 의지를 굳히기까지는 몇 년이나 걸립니다. 조직에 몸담았던 사람들의 이야기를 듣고 인정하며 본인의 내성을 촉구한 다음, 다시 이야기를 듣고… 하는 과정을 아무리 반복해도 성공할 수 있을지는 미지수입니다. 폭력조직보다 결속이 비교적 약한 비행 집단의 경우도 마찬가지이고요. 그런 집단에 발 들인 사람들이 **거기에서 무엇을 원하는가**, 이 점을 이해하지 못하면 결코 벗어나게 도울 수 없습니다.

13
신뢰를 잃어도 개의치 않는 사람들

사건의 용의자나 범인을 체포하는 것이 경찰의 업무이니, 경찰이 범죄 박멸을 위해 애를 쓰는 건 당연합니다. 그러니 나쁜 짓을 하면 반드시 경찰에 붙잡힌다는 생각을 했으면 좋겠습니다. 범죄 예방에는 '검거될 가능성이 크다고 여기면 그 사람은 범죄를 저지르지 않을 것이다'라는 전제가 작용합니다. 하지만 '경찰에 잡혀도 상관없다'라고 여기는 사람들도 분명 존재합니다. 저는 오랫동안 범죄 예방을 **리스크와 코스트**로 생각해 왔습니다. 리스크란 범죄를 실행에 옮겼을 때 검거될 가능성의 수준입니다. 한편 코스트는 검거되고 안 되고 여부와 상관없이 죄를 저지름으로써 잃는 것, 희생되는 것의 크기를 뜻합니다. 사회적 입장을 잃는다거나 가족, 친구, 선생님, 이

웃과의 신뢰를 잃는 건 커다란 코스트에 해당하지요.

일반적으로 최대의 코스트는 가족입니다. 그래서 범죄 동기가 있더라도 가족 얼굴이 떠오르며 '아마 나 때문에 많이 슬퍼할 거야'라고 생각하면 실행을 멈출 수 있겠지요. 그런데 극단적으로 자녀에게 무관심한 부모 밑에서 자란 사람의 경우, 가족이 코스트로 작용하지 않습니다. 잃고 싶지 않은 건 오로지 '나를 구해준 사람'뿐입니다. 그게 만약 폭력조직이나 불량배 집단의 조직원이라면, 다른 이들로부터 신뢰를 잃건 말건 범죄에 가담할 수밖에 없지요.

//////////////// 14 ////////////////
SNS에서 민폐 행위를 벌이는 심리

최근 일본에서는 음식점 등에서 민폐 행위를 하며 찍은 동영상을 SNS에 공개해 큰 논란이 벌어진 사건이 연이어 발생했습니다. 회전초밥 체인점에서 간장통에 직접 입을 대거나 노래방에 있는 소프트아이스크림 기계에 입을 대고 먹는 등 불쾌하기 이를 데 없는 영상, 또 노래방에 비치된 소독용 스프레이 캔에 라이터로 불을 붙이는 위험 행위 영상 등 기행이 끝도 없습니다. 그뿐만 아니라 노숙자에게 몹쓸 장난을 치고 웃음거리로 삼는 동영상도 많이 떠돌며 세간을 시끄럽게 했습니다. 사회적 약자를 공격하는 행위는 절대로 해서는 안 됩니다. 불행 중 다행이랄까, 이런 민폐 행위 동영상은 순식간에 퍼져 행위자가 곧바로 밝혀지기는 했습니다.

왜 이런 민폐 행위를 저지르고 세간에 드러내는 짓을 했을까요? 개중에는 친구끼리 장난의 연장선에서 했을 뿐인데 이렇게까지 퍼져서 큰 문제가 될 줄은 몰랐다는 짧은 생각을 한 사람도 있기는 합니다. 들여다보면 민폐 행위부터도 안 될 일이지만, SNS 사용에 대한 인식 부족이 더 심각한 듯합니다. 친구들끼리 보고 웃자고 올렸다 하더라도 그게 의도와 다르게 편집되어 온라인상에 퍼지면 더는 막을 길이 없습니다. 물론 더 많은 이들에게 퍼트리려는 목적으로 일부러 자극적인 행위를 저지르는 사람도 있습니다. 조회수를 높이겠다고 민폐 행위 영상을 올리는 유튜버도 있지요. 불쾌감을 주는 민폐 행위 동영상이 빠르게 입소문을 타면 조회수를 올릴 수 있다는 계산 때문입니다. 어쨌든 그 배경에는 일그러진 자기현시욕구가 자리하고 있습니다. 눈에 띄고 싶다고, 혹은 화제에 오르내리고 싶다고 수단을 가리지 않는 건 그야말로 일반적이지 않지요. 이렇게 **일그러진 행동을 하는 건 인정욕구가 건전히 채워지지 않기 때문**입니다. 가정에서 충분한 애정을 받고 인정받는 경험을 한다면 굳이 나쁜 짓을 해가며 주목받으려 할 필요가 없을 테니까요. 모든 것을 가정 문제로 돌리려는 건 아니지만, 일그러진 자기현시욕구의 이면에는 일부라 할지라도 가정에서조차 '인정받지 못했다'는 배경이 자리하고 있을 겁니다.

한 가지 더 짚고 넘어가자면, 미디어에서는 대개 이런 문제를 보도할 때 '민폐 행위'라고만 표현하는데, 저는 이 표현 자체가 적절하지 않다고 생각합니다. 이는 분명한 범죄니까요. 실제로 회전초밥 체인점을 비롯해 피해를 입은 기업들이 손해에 형사 및 민사 양쪽으로 엄중히 대처하겠다는 발표도 했습니다(위력업무방해죄, 기물파손죄, 배상책임 등). 그냥 "가벼운 마음으로 장난했습니다, 죄송합니다"로 끝날 일이 아닌 게 분명하지요. 이렇게 안 좋은 일로 사람들 입방아에 오르내리는 뉴스를 대화 소재로 삼아 가정에서도 '절대로 해서는 안 되는 일이며 범죄'임을 가르쳐 주시기를 바랍니다.

15

인정이 사람을 바꾼다

안타깝게도 정말 무관심형 부모라면 이 책을 읽지도 않을 겁니다. 굳이 책을 사거나 빌려서 시간을 내 읽는 시점에서 이미 이 책의 독자는 자녀교육에 관심이 있음이 분명하지요. 그렇다 보니 이 책의 내용이 무관심형 보호자에게 직접 전해질 일은 없을지도 모르나 적어도 그 주변 사람들에게는 전해지길 바라는 마음으로 글을 씁니다.

무관심형 부모에게서 자란 아이의 문제는 부모가 아니라 교사 등 아이의 교육에 관여하는 주변의 다른 이에게 더 빨리 포착되는 경우가 많습니다. 실제로도 가족의 인정을 받지 못하고 교우 관계도 좋지 못해 겉돌던 아이가 이를 알아차린 선생님 덕분에 힘을 얻고 변화의 계기를 마련했다는 이야기를 종종 듣습니다. 나를 진지하게 생각해 주는 사람이 곁에 있어서 힘을 내보자는 마음을 품게 됐다는 사람들이 아주 많지요.

제가 면담하는 대상자들이 비행소년들이다 보니 결과적으로 비행을 저질렀다는 점은 피할 수 없는 사실이지만, 이야기를 나눠보면 주변에서 작게라도 인정받는 경험을 했을 때 "그때 참 기뻤어요, 저도 노력할 수 있을 것 같았어요"라는 이야기를 합니다. 이런 경험이 조금만 더 있었다면, 조금 더 지속됐더라면 분명 비행에 발을 들이지 않았을 아이들도 있었겠지요. 선생님, 친구들이나 이웃 등, 만약 아이가 힘들 때 내 일처럼 여기며 이야기를 듣고 인정해 주는 사람을 만났다면 상황은 분명 달라졌을 겁니다. 경사 길에서 굴러떨어지듯 비행 집단에 들어가거나 일그러진 자기현시욕구를 폭발시키는 일 없이 좀 더 나은 길을 찾아내지 않았을까요? 제가 본 사례 가운데는 좋은 연인을 만나 결혼해서 순식간에 삶의 방향을 전환하게 된 사람도 있었습니다. 아마도 메마른 마음이 사랑을 간절하게 흡수했을 거예요. 어둡던 표정부터 달라졌겠지요. 결혼 뒤에는 더 이상 이상한 방향으로 나가는 일은 없었습니다. 다만 이런 일은 드물게 일어나는 듯해 안타깝습니다. 좋은 만남은 아주 귀한 행운이니 그만큼 소중히 해야 합니다.

16

방치와 방임은 다르다

　지금까지 극단적인 무관심형 부모의 사례를 살펴보았습니다. 이 책에서 이야기한 수준이 아니더라도 '약간 무관심형' 혹은 '때때로 무관심형'인 부모도 있지 않을까요? "우리 집은 방임주의여서 아이를 자유롭게 놔두고 있어요"라고 하는 부모도 있고요. '방임주의' 말이 나온 김에 **방치**와 **방임**의 차이를 짚고 넘어가야겠습니다. 이건 아주 중요한 문제입니다.

　방치와 방임은 언뜻 비슷해 보이지만 그 의미는 전혀 다릅니다. 방임의 전제에는 신뢰가 깔려 있습니다. 아이를 믿고 자주성에 맡기는 교육 방침이 바로 방임주의입니다. 방임주의 교육을 하려면 그 이전에 아이에게 안전과 관련한 사항과 사회 규범을 확실히 가르쳐야 합니다. 사회생활을 영위할 때 최소로 필요한 규칙을 꼭 지도해두어야 방임이 가능하지요. 이런 기초를 세워두고 아이를 믿고 자주성에 맡기는 건 아주 좋은 일입니다. 아이의 성장을 크게 촉진할 수 있으니까요. 아이가 안심하고 다양한 일에 도전할 수 있는 환경을 만들어주는 겁니다.

한편 방치는 아이에게 무관심하고 그냥 내버려 두는 태도를 일컫습니다. 부모로서 해야 할 훈육을 하지 않고 아이는 관심 밖, 오직 본인한테만 집중하는 태도입니다. 사회 규칙, 상식, 언어, 예절 등을 가르쳐주지 않아서 아이는 고립되고 사회에 적응하지 못합니다. 사례에 등장한 아야노의 부모님은 '자주성을 존중한' 거라고 주장했지만, 듣기 좋은 변명에 불과합니다. 부모가 아무것도 가르쳐주지 않았는데 아이가 어떻게 자주적인 행동을 할 수 있을까요? 학교에 가서 선생님과 친구들을 만나도 인사를 하는 둥 마는 둥, 선생님에게 자기 생각을 일방적으로, 그것도 예의 없는 말투로 이야기한다고 떠올려보세요. 이게 과연 자주적인 행동일까요? 이럴 때 부모가 자주성에 맡기겠다며 아무 훈육도 하지 않는다면 아이는 언젠가 사회에 나가 난처한 일을 겪을지 모릅니다. 그러니 방임주의로 교육한다, 아이의 자주성에 맡기겠다는 양육자는 우선 기반을 잘 다져놓았는지 되돌아보는 게 중요합니다. 방임이라는 말을 부모가 바빠서 아이를 방치하는 태도를 포장하는 데 사용하는 건 아닌지 자문해 보세요.

단체생활을 할 수 있는 아이로 키우려면

단체생활은 사회생활에서 큰 부분을 차지합니다. 아이의 특성에 따라 단체생활에 적응을 잘하느냐 못하느냐 차이는 있겠지만, 잘하지는 못해도 본인이 힘들어하지 않을 정도는 가능해야 바람직하다고 볼 수 있습니다.

단체생활이 서툰 원인으로 낮은 자기 통제력을 꼽을 수 있습니다. 자기 통제력이란 말 그대로 자신을 제어하는 힘입니다. 유혹을 이기고 감정과 행동을 제어하는 사회적 기술이지요. 비행소년 및 범죄자는 자기 통제력이 낮은 경우가 많습니다. 자신을 제어하지 못하고 충동적이고 단속적으로 행동하기 십상이어서 한순간에 비행으로 이어지는 결과를 낳을 수 있습니다.

자기 통제력은 6~8세 즈음의 가정교육이 큰 영향을 끼친다고 합니다. 마침 초등학교에 입학해 본격적인 사회생활을 할 시기이지요. 이때쯤 되면 규칙을 이해하고 지킬 줄 알게 됩니다. 도로 한가운데가 아니라 가장자리로 걸어야 한다, 길은 횡단보도에서만 건너야 한다, 물건을 살 때는 돈을 먼저 낸 다음 포장을 뜯어야 한다, 친구 물건을 함부로 뺏으면 안 된다… 같은 규칙을 이해할 수 있습니다. 이해할 수는 있지만 아이가 스스로 학습할 수 있는 건 아닙니다. 부모가 그게 옳은 일이라고 가르쳐야 하지요.

가정에서 규칙을 가르치지 않으면 급식을 먹기 전에 다 같이 "잘 먹겠습니다"라고 인사하는 걸 어색해합니다. 가정에서 가르쳤기에 자연스럽게 인사가 나오는 겁니다. 이런 규칙에 익숙해지지 않으면 배가 고프다는 이유로 곧장 눈앞에 있는 음식에 손을 뻗어버리고 맙니다. 주변을 둘러보기도 전에 자기 욕구가 먼저 작용해서 그렇습니다. "혼자 있으면 그래도 되겠지만, 다 같이 있을 때는 그러면 안 돼"라고 가르쳐야 아이도 이해합니다.

너무 당연한 일이라며 가볍게 보지 말고 정성껏 가르쳐야 할 중요한 부분입니다. 사회의 규칙을 이해하면서 아이는 자신의 욕구를 누르고 제어하는 방법을 터득해 나갑니다. 자기 통제력이 키워지는 것이지요. 최소한의 사회 규범을 지킬 줄 알게 되면 일정한 단체생활이 가능해집니다. 단체에 자연스럽게 녹아들어야 아이 본인도 사회생활이 즐겁게 느껴지겠지요.

가족의 심리적 거리 좁히기

요즘은 맞벌이로 부부 모두 바빠 아이와 함께할 시간이 적다고 느끼는 가족이 매우 많습니다. 부모 중 한 명이 홀로 해외에 나가 일하느라 가족이 모두 모여 얼굴을 보는 일이 1년에 몇 차례밖에 안 되는 집도 있고요. 바쁘다고 해서 아이를 방치하면 안 된다는 건 두말하면 잔소리겠지요. 소년분류심사원에서 만난 무관심형 부모들 대다수는 "아이를 위하니까 이렇게 열심히 일하죠"라며 아이의 일에 관여가 부족한 자신을 정당화하려고 했습니다. 바빠서 아이와 함께 지낼 시간이 적더라도, 짧은 시간을 소중히 하면서 얼마든지 아이를 챙길 수 있습니다. 아이와 함께하는 시간의 밀도를 높일 때 중요한 점은 심리적인 거리입니다. 물리적으로 멀리 떨어져 있어도 서로를 배려하고 관심을 쏟는다면 심리적 거리는 멀어지지 않지요. 방법은 가족이 처한 상황에 따라 여러 가지이겠지만, 아이에게 애정을 표현하는 시간을 밀도 높게 보낼 수 있다면 같은 공간에 오래 함께 있어도 서로 무관심한 가족보다 훨씬 심리적 거리를 좁힐 수 있습니다.

함께할 시간이 생기더라도 집안일이나 생각할 문제기 있어서, 바쁘거나 피곤해서 아이의 이야기를 들어줄 수 없을 때도 있다는 걸 압니다. 그럴 때는 귀찮은 티를 내며 "그래서? 뭐?"라고 다그치듯 말하기보다 "지금은 이런 일로 바쁘니까 30분 후에 이야기하자", "요즘 회사에 일이 너무 많아서 지금은 좀 쉬고 싶네. 내가 기운을 좀 차리고 나면 그때 다시 말해줄래?"처럼 명확하게 설명해주면 좋겠지요. 아주 상세하게 설명할 필요까지는 없지만 건성 답하고 있지 않다는 메시지를 전할 수 있는 한마디라도 건네면 **아이는 '나를 신경 써주고 있구나'라고 느낍니다.** 바로 이게 중요해요. 아이가 '우리 부모님은 나를 무시하지 않고 언제나 배려해서 말을 해준다'라고 느끼는 가족이야말로 심리적 거리가 가까운 가족입니다.

네 가지 부모 유형
체크리스트

지금까지 소개한 네 가지 유형의 부모와 자녀의 사례를 참고로, 나의 양육 태도가 네 가지 부모 유형 중 어느 쪽으로 치우쳐 있는지 참고해 볼 수 있는 체크리스트를 만들었습니다. 체크한 개수에 따라 과보호형, 고압형, 맹목적 수용형, 무관심형 부모 가운데 현재의 양육 태도가 어디에 속하는지를 엄격하게 '판정'하는 용도로 만든 체크리스트가 아님을 미리 밝힙니다. 따라서 체크리스트 항목 수를 유형별로 동일하게 맞춰놓지 않았습니다. 정밀한 확인을 위한 체크리스트가 아님을 상기하면서, 어디까지나 자신의 양육 태도를 되돌아보는 자료로 활용해 주기를 바랍니다. 특히 부부가 함께 체크해 볼 것을 추천합니다. 체크 표시가 붙은 항목이 하나라도 있다면 무슨 이유로 표시했는지 서로 대화를 나눠 보세요.

■ 과보호형 부모 체크리스트

아이가 해야 할 과제를 앞서 해결해 준다.	
아이를 편하게 해주고 싶다, 고생시켜서는 안 된다고 생각한다.	
아이가 원하는 것을 참게 두는 일이 별로 없다.	
아이가 일상에서 스스로 할 수 있는 일을 대신 해준다.	
예) • 벗은 옷을 정리해 준다 　　• 식사할 때 고기를 썰어주거나 생선을 발라준다 등	
학교에서 아이에게 하라고 한 일을 대신 해준다.	
예) • 다음 날 시간표에 맞춰 교과서나 준비물을 챙겨준다 　　• 연필 깎기, 태블릿 충전 등 도구류의 관리를 대신 해준다 　　• 아이가 학부모에게 전달해야 할 통신문을 보이기도 전에 부모가 먼 　　　저 가방을 열어 꺼낸다 　　• 숙제를 다른 학부모에게 확인할 때가 있다 　　• 숙제를 대신 해줄 때가 있다 등	
아이끼리 싸움이나 문제가 생겼을 때 부모끼리 해결하자고 생각하는 경향이 있다.	
아이가 위험한 상황에 빠질까 걱정돼 스마트폰이나 태블릿을 몰래 확인한다.	
학원을 데리고 오가는 등 혼자서 다닐 수 있는 거리라도 꼭 동행한다.	
걱정이 많은 것과 과보호의 경계를 파악하기 힘들다.	
아이가 나에게 기대는 게 좋아, 늘 아이가 곁에 있었으면 좋겠다.	
아이의 실패를 타인이나 상황 탓으로 돌릴 때가 많다.	

■ 고압형 부모 체크리스트

식생활을 엄격하게 지시한다.	
예) • 채소 중심의 식사를 해라, 기름기는 피해라 • ○○을 먹어라, ○○을 먹지 마라 등 (개별적이고 구체적인 지시)	
운동에 관해 세세하게 명령한다.	

예) • 하루 몇 시간 운동해라
    • 연습하지 않으면 ○○은 없는 줄 알아라
    • ○○을 해라, ○○은 하지 마라 등 (개별적이고 구체적인 지시)	

규칙을 일방적으로 강요한다.	

예) • 어딜 가든 무얼 하든 항상 보고해라
    • 통금 시간은 정확히 지켜라
    • (초등학교 고학년 이상의 아이와 상의하지 않고) 용돈은 주지 않겠
      다 등	

사생활을 세세하게 규제한다.	
예) • 옷은 이걸로 입어라 • (혼자 외출해도 될 나이의 아이에게) 허락 없이 밖에 나가지 마라 등	
공부 계획이나 습관을 명령한다.	

예) • 좋은 성적을 받아라
    • 남들보다 더 공부해라, 그만 놀고 공부해라
    • 시험 기간에 딴생각은 하지 마라
    • ○○ 학교에 가라, ○○이 되어라 등 (개별적이고 구체적인 학교 및
      직업 지정)	

아이가 말을 듣지 않으면 벌을 준다.	
나의 열등감이나 콤플렉스를 아이에게 투영하고 있는 것 같다.	
아이에게 목표가 적절한지보다 나의 이상이 더 중요하다.	

■ 맹목적 수용형 부모 체크리스트

응석을 받아주는 것과 덮어놓고 오냐오냐하는 것을 구별하지 못하겠다.	
식생활과 관련한 아이의 요구에 마음이 약해진다.	
예) • 과자 등 단것을 원하는 대로 준다 　　• 영양 균형보다 아이의 호불호를 우선시하는 편이다 등	
아이가 놀이에 관해 요구하는 일에 단호하지 못하다.	
예) • 장난감을 원하는 대로 사준다 　　• 한 장난감에 질린 것 같으면 다른 장난감을 사준다 　　• 게임기, 게임 소프트웨어 등을 얼마든지 사준다 　　• 게임 시간에 제한을 두지 않고 실컷 하게 놔둔다 등	
아이가 배움에 관해 요구하는 일에 단호하지 못하다.	
예) • 아이가 배우고 싶다는 것이 있으면 원하는 만큼 잘하겠지 싶어 배우게 한다 　　• 아이가 배우던 것에 질리면 언제든 그만두게 하는 일을 반복한다 등	
용돈에 대한 아이의 요구에 약하다.	
예) • 요구할 때마다 이유를 묻지 않고 돈을 준다 　　• 아이의 나이에 맞지 않은 고액의 용돈을 준다 등	
아이가 원했던 반려동물을 부모가 대신 돌보고 있다.	
아이의 심기와 낯빛이 신경 쓰인다.	
아이가 나에게 의지할 때 기쁨을 느낀다, 아이가 내게 기대는 것이 좋다(공의존).	

■ 무관심형 부모 체크리스트

아이의 성장 과정에 관심이 없다.	
부모의 최대 의무는 의식주 보장이라고 생각한다.	
아이에게 하는 말이 형식적(템플릿화된 문장)이다.	
예) • 조심히 다녀라 • 친구들이랑 친하게 지내라 • 필요한 게 있으면 알아서 사라(사줄게) 등	
아이의 일을 아이와 상의하는 게 귀찮다.	
아이가 문제를 일으켰을 때 아이 개인의 문제이지 부모 책임은 아니라고 생각한다.	
학대로 보이는 행위를 한다.	
예) • 때리거나 걷어찰 때가 있다 • 집에 가두거나 불결한 상태로 방치한다 • 식사를 챙겨주지 않을 때가 있다 • 감정적으로 폭언을 내뱉을 때가 있다 • 집에서 쫓아낸다 등	
사회 규칙이나 예절은 자연히 익혀지니 특별히 가르치지 않는다.	
아이가 스스로 깨닫는 것이 중요하므로 옳지 않은 행동을 해도 훈육하지 않는다.	

종장

부모가 깨달으면 자녀는
얼마든지 달라진다

깨달음이 변화의 첫걸음

지금까지 위험한 양육 태도 이야기를 했는데, 어땠나요? 비행소년의 배경에 '양육 실패'가 있다고 표현했지만, 재출발할 수 있다는 점을 늘 기억해야 합니다. 소년원 교사는 비행소년이 자립해서 살아나갈 수 있도록 재출발을 믿고 지도합니다. 물론 죄를 지었다는 사실은 지워지지 않지만 '인생은 한 번 실패하면 끝'이 아닙니다. 비행소년을 제대로 마주해 궤도 수정을 하고, 더욱 나은 미래로 인도해 주는 것이 제일 중요하지요.

소년원에서는 부모 교육도 이루어집니다. 한때는 비행소년에 대해서만 철저한 교육으로 갱생을 꾀하자는 주의였으나 그것만으로는 부족한 점이 많았습니다. 본인이 변화하려는 노력도 필요하지만, 함께 사는 가족도 변해야 합니다. 아무리 본인이 '앞으로 이런 사람이 되어 사회에서 훌륭히 살아가겠다'라고 결심해도 예전과 똑같은 환경으로 돌아가야만 한다면 새로이 품은 마음을 유지하기 어렵습니다. 그럼 부모 교육은 어떻게 해야 할까요?

몇 번이고 만나 이야기를 들어야 합니다. 소년원 교사

는 양육 태도가 어느 한쪽으로 치우친 부모에게도 "당신의 이런 부분이 좋지 않으니, 이렇게 행동하셔야 합니다"라고는 말하지 않습니다. 오히려 "당신은 이런 마음으로 행동하셨던 거네요"라며 이야기를 듣고 받아들입니다. 그렇게 받아들여 줌으로써 어느 순간 본인 스스로 깨닫게 돕지요. 그렇게 해야 변화가 이루어집니다.

　부모 교육의 **가장 핵심은 부모 자신의 양육 태도나 육아 방침이 자녀에게 어떤 영향을 주었는지 이해하는 것**입니다. '아이의 어리광을 너무 다 받아주지 말 걸 그랬다, 그때 용도도 묻지 않고 용돈부터 덥석 쥐어준 게 잘못이다' 같은 후회에서 멈출 게 아니라, 내가 그런 양육 태도를 보여 아이에게 어떤 영향을 끼쳤는가를 생각해야 합니다. 이런 분석을 거치면 좋은 방향으로 가는 길이 보이기 시작합니다. 곧바로 태도가 바뀌지는 않더라도 의식부터 갖추어야 크게 달라지지요. 부모가 변하면 불안정한 환경에서 비행을 저질렀던 소년도 안정을 찾게 됩니다. 소년원을 나간 뒤에 재범으로 다시 돌아올 일은 거의 없게 되지요.

성격을 바꿀 수 있는가?

다소 극단적인 비행이나 범죄 이야기를 하는 바람에 아이의 성격에서 문제가 될 법한 부분을 생각하며 걱정하는 독자도 있을 듯합니다.

'우리 아이는 다혈질이고 금방 행동으로 옮기는 성격이라 남을 다치게 할까 봐 걱정된다.'

'마냥 얌전하고 자기주장도 못 해서 나쁜 유혹이 손 내밀면 거절도 제대로 못 하지 않을까?'

이도 저도 아니면 그저 아이의 행복만을 바라면서 '좀 더 이런 성격으로 바뀐다면 좋을 텐데…'라고 생각할지도 모르겠습니다.

아이의 지금 성격을 바꿀 수 있냐고요? 한마디로 말하자면 가능합니다. 단, 여기에는 몇 가지 조건이 있습니다. 우선 성격의 기반이 되는 **기질은 쉽게 바꿀 수 없다**는 점입니다. 기질은 선천적인 것으로, 그 사람이 태어나면서부터 갖는 개성입니다. 아기 때부터 활발하고 모험심이 넘치는 기질의 아이가 있는가 하면, 조용히 주변을 관찰하며 신중히 행동하는 아이도 있지요. 기질을 기반으로 환경에 따라 성격이 형성됩니다. 바로 이 환경 중 하나가 부모의 양육 태도인데요, 어린아이에게는 부모와의 시간이 상당한 부분을 차지하고 있으니 아이 입장에서 아주 큰 환경이라고 할 수 있습니다. 그 밖에도 형제나 조부모, 친구나 지역사회, 주거 환경, 주변이 무엇으로 둘러싸여 있는가 등이 성격에 영향을 줍니다. 기질과 달리 성격은 후천적인 것이므로 바꿀 수 있지요.

그러면 아이의 성격을 어떤 방식으로 바꾸면 좋을까요? 부모는 아무래도 아이의 단점에 주목하기 쉬운데, 우선 이런 시선부터 고치는 게 좋습니다. 아이에게 '네 성격은 이런 부분이 좋지 않으니까 주의하라'고 말해봤자 아이의 성격이 더 나은 쪽으로 향하지는 않습니다. 오히려 아이가 그 부분에 지나치게 신경 쓰거나 반발심이 생기면 강화만 일어날 뿐이지요. 자녀의 단속적이고 생각나는 대로 행동하는 성격이 신경 쓰이는 부모가 "너는 항상 잘 생각도 안 하고 바로 행동부터 하잖니? 그건 좋은 게 아니니까 더 깊이 생각하고 행동해야 해"라고 말했다고 가정해 봅시다. 이 말을 들은 아이는 '나는 생각도 깊이 안 하고 행동만 앞서는 사람이구나' 하는 생각이 뇌리에 새겨져, 나중에는 저도 모르게 그 말을 증명하듯 행동하게 됩니다. 표현을 반대로 바꿔 보세요. '단속적이고 생각나는 대로 행동한다'는 점을 긍정적으로 바꾸는 겁니다. "뛰어난 행동력으로 주저하지 않고 도전할 줄 알다니 참 대단하구나"라고 말해주는 거예요. 이렇게 말하면 더더욱 생각나는 대로 행동하는 게 아닐까 염려될지도 모릅니다. 그러나 진짜 문제는 **고쳐야 할 성격이 부정적인 방향으로 드러날 때** 생깁니다. **장점과 단점은 동전의 앞과 뒤 같은 관계**라는 걸 기억하세요. 장점으로 잘 키워주면 문제는커녕 오히려 좋은 행동으로 이어집니다. 그러면 **결국 성격이 바뀌는 거고요.** 행동하는 성격이 신중한 쪽으로 손바닥 뒤집히듯 변화한다기보다 원래 지닌 성격을 더 좋게 계발하려면 어떻게 해야 할까 궁리하는 방향으로 변하게 됩니다.

덧붙여 제가 독자에게 꼭 전하고 싶은 이야기는, 이 책 곳곳에서 계속 언급했듯이 부모가 변화하면 자녀도 변화한다는 점입니다. '내 아이가 좀 더 호기심을 가지고 뭐든 씩씩하게 도전해 봤으면 좋겠다'라고 생각하나요? 아무리 부모 자식 간이어도 사람의 행동이나 사고방식을 제어할 수는 없습니다. 아이가 실패를 두려워하는 모습을 보인다면 부모는 다만 자신의 양육 태도를 되돌아보면서

'아이가 실패할까 봐 내가 여러 가지 일을 너무 대신 해준 건 아닐까? 앞으로는 결과가 어떻게 되든 도전하는 자세를 칭찬해 주자'라고 생각하고, 자신의 행동 먼저 바꾸는 수밖에 없습니다. 변화하는 부모의 모습은 반드시 아이에게 영향을 줍니다.

문제가 생기면 수정하면 된다

애당초 '아이가 이런 성격이라면 분명 더 행복하게 살 수 있을 것이다'라는 생각이 잘못된 믿음일지도 모릅니다. 아이의 성장도, 자녀교육 자체도 언제나 이론대로 잘 흘러가지만은 않으니까요. 일단 가설을 세우고 시행하면서 수정을 거듭하는 방식이 제일입니다. 엉뚱한 믿음에 사로잡혀 한 방향으로 내달리는 태도야말로 가장 위험합니다. 양육은 눈앞에서 바로바로 피드백이 있으니 그걸 보면서 수정하면 됩니다. 여기서 피드백이란 물론, 아이의 반응이지요. 만약 문제 행동이 벌어진다면 그 또한 피드백입니다. 양육 태도를 되돌아보고 수정할 기회가 되지요. 세상에 완벽한 부모는 존재하지 않으니 이런 과정을 당연하게 생각해도 됩니다. 문제 행동이 나타난다고 해서 '내가 아이를 잘못 키웠구나' 하고 절망할 필요는 없어요.

저 역시도 완벽한 부모가 아니었습니다. 네 가지 부모 유형으로 보자면 '과보호형'에 가깝다는 자각이 있으니까요. 제가 하는 일은 전근이 필수여서 딸들이 무려 네 번이나 초등학교 전학을 다녔습니다. 전학할 때마다 새로운 환경에 적응해야 해서 너무 힘들어했지요. 저와 아내는 어떻게든 딸들을 지켜줘야겠다는 마음에 다소 과보호하는 경향을 보였던 것 같습니다. 부모가 할 수 있는 일이라면 먼저 나서서 해결해 놓고, 되도록 딸들의 고생을 줄여주고 싶다고 생각했습니다.

처음으로 도쿄를 떠나 이사한 곳은 고치高知현이었습니다. 방언도 있고, 주거 환경이나 기후도 달라 익숙해지는데 상당한 시간이 걸릴 듯했습니다. 아이들은 '도쿄에서 온 쌍둥이 여자애들'이라는 사실만으로 매우 눈에 띄었지요. 새로운 생활에 적응하지 못하는 게 아닐까 걱정이 이만저만이 아니었습니다. 그러나 아이들은 의외로 놀랄 만큼 빠르게 적응합니다. 금방 친구들도 생기고 지역 방언도 쓸 줄 알게 됐습니다. 물론 본인들도 노력했고, 이웃

들이 잘 받아준 덕분이겠지만요.

그래도 아버지인 저는 딸들이 혹여나 고생할까 싶은 마음을 지울 수 없어 과보호형으로 남아 있으려 했습니다. 다만 어떤 일이라도 가족끼리 항상 대화를 나누려는 노력은 잊지 않았습니다. 전근해야 했을 때도 가족 모두가 이사하지 않고 저만 홀로 부임하는 선택지가 있었지만, 가족 모두의 뜻을 물어 어떻게 하고 싶은가 매번 대화를 나누었지요. 가족회의로 결정된 사항은 꼭 지키려 했습니다. 이런 **가족회의 덕분에 과보호형인 저도 선 넘는 일 없이 양육 태도를 수정하면서 자녀교육을 해나갈 수 있었던 것** 같습니다. 저보다 아이들과 함께 있는 시간이 긴 아내는 "좀 더 애들을 믿고 맡겨도 괜찮아"라고 말해주기도 했고, 여러 정보를 공유해 주기도 했지요.

가족회의를 주기적으로 하다 보니 딸들이 회의 주제를 먼저 제안하는 일도 늘어났습니다. '이런 고민이 있는데 들어달라'고 말을 꺼내더군요. 모두 둘러앉으면 고민이나 상의하고 싶은 일을 말해주곤 했습니다. 그때 우리 부부는 식탁에 종이를 펼쳐놓고, 특별히 꽂히는 아이의 말을 적으면서 이야기를 들었습니다. 말을 끊으면서 조언부터 하는 게 아니라 본인이 납득할 때까지 이야기를 들어준

다음, "아까 말한 게 이거구나", "이것과 이게 이런 식으로 연결된 거구나" 하면서 정리를 합니다. 이 방법이 공감대를 형성하는 데 아주 효과가 좋았어요. 부모로서 당연히 자녀가 늘 걱정되지만, 가족회의를 하면서 일방적으로 지시나 조언을 하고 이대로 하라고 말하지 않고, 가능한 한 **시간을 내서 이야기를 충분히 듣자**는 태도는 꼭 유지했던 겁니다.

어른이 되어서도 무슨 일만 있으면 부모에게 쪼르르 쫓아오는 딸들을 보고 '역시 과보호를 했나' 하는 마음이 없지는 않지만, 이건 이대로 우리 가족의 스타일이라고 봅니다. 큰 문제가 생기는 일 없이 사이좋게 잘 지내고 있으니까요. 정답이 있는 일이 아니니, 각자의 가정에 맞는 스타일은 부모와 자식이 함께 맞춰서 만들어가면 됩니다. 부모가 정한 방침을 일방적으로 밀고 나가는 게 아니라 가설로 세운 방침에 자녀의 피드백을 받고 반영하면서 움직인다는 생각만 염두에 두면 도중에 문제가 생겨도 언제든 수정할 수 있습니다.

말로 표현하는 연습

　비행소년들과 이야기해 보면 종종 **자기 자신을 표현하는 능력이 부족하다**고 느낍니다. 이유는 크게 두 가지로, 우선 **어휘력이 부족하다**는 점입니다. 사용하는 말이 적어서 적절한 단어를 선택하지 못하지요. 그래서 자기감정을 제대로 표현하는 데 어려움을 느낍니다. 결국 '짜증난다, 그냥 싫다' 같은 표현만으로 대화가 끝나버려요. 어휘력 부족은 의사소통에 문제를 일으킵니다. 악의가 없어도 마치 악의가 담긴 듯 들리는 말투를 쓰게 되고, 그게 원인이 되어 또 다른 큰 문제로 발전하는 일이 자주 벌어집니다. 상황에 적절한 말을 쓸 줄 모르면 사회 복귀를 하더라도 고생합니다. 그래서 소년원에서는 책을 많이 읽도록 지도합니다. 아이들에게 독서 체험은 매우 중요합니다. 정제된 언어를 접하는 체험을 함으로써 본인도 그것을 활용할 수 있습니다. 반대로 책을 읽지 않는 아이는 말이 단조로워집니다. 스마트폰이나 태블릿으로도 문자를 읽지 않느냐고 할지 몰라도, 그건 독서 경험과는 전혀 다른 읽기 유형이지요.

자기표현 능력이 부족해지는 또 하나의 이유는 **자기를 표현하는 일이 익숙하지 않기 때문**입니다. 자신이 마음을 놓는 특정한 환경이 아닌 경우에는 어떻게 자신을 표현하면 좋을지 모릅니다. 질문에 최소한의 대답은 할 수 있어요. 그러나 적극적으로 자신을 드러내는 것을 어려워합니다. 이런 말을 했다가 부정당하면 어쩌나 불안감을 느낍니다. 설령 어휘력이 풍부하다 하더라도 어떠한 이유로 표현하지 못하면 그야말로 아까운 보물을 썩히는 겁니다.

평소에 자기 뜻을 전달하는 연습을 충분히 해야 합니다. 마음껏 솔직하게 표현할 수 있게 되려면 부정당하지 않는 환경이 필요하겠지요. 아이의 이야기를 부정하지 말고 되도록 끝까지 들어주세요. 엉뚱한 말을 하더라도 "그렇게 생각하는구나" 하고 들어주면 됩니다. 중간에 끼어들어서 "그게 이런 뜻이지?", "그건 아니야"라고 말하면 아이는 위축됩니다.

가족회의까지는 아니더라도 저녁식사 자리에서 "오늘은 어떤 일이 있었니?"라고 물어보면서 자신의 감정이나 생각을 말로 전달하는 연습을 시키면 좋습니다. 직장 때문에 저녁을 같이 먹을 시간이 없다고 하는 부모님, 휴일 저녁은 어떻습니까? 잠깐이라도 아침식사 자리는 어떤가요? 혹은 정말로 한자리에 모일 시간이 부족하다면 가족 채팅방에서 사소한 일을 이야기하는 습관을 들여도 아주 좋습니다. 바쁜 와중에도 방법을 찾아내려고 애쓰면 부모와 자녀 간에 의사소통 기회는 얼마든지 생긴다고 저는 믿습니다.

대화도 습관이다

어떻게든 대화 수단이나 시간을 만드는 건 둘째 치고, 가족회의나 부부끼리 자녀 이야기를 나누는 자체가 왠지 어색하고 거북하다고 여기는 사람이 있을지도 모릅니다. 저도 솔직히 아내와 시시콜콜 이야기를 하는 게 어색한 느낌이 들었습니다. 가족이고, 오래 같이 있었는데 굳이 뭣 하러 이야기를 나누어야 하느냐는 심정은 이해합니다. 그러나 제대로 대화하지 않으면 알 수 없는 사실도 아주 많습니다. **'굳이 말로 안 해도 된다'는 자세는 안 됩니다.** 의식해서 대화하는 시간을 만들어야 해요. 특히 아빠는 엄마보다 육아에 참여하는 비율이 적고, 적극적으로 대화하지 않는 경우가 많은 듯합니다. 그래서 어쩌다 대화를 할라 치면 남자들이 어느새 자신만 책망받는다고 느끼는지도 모르겠어요.

아이가 아주 어릴 때부터 가족이 서로 대화를 나누는 습관 형성이 가장 이상적입니다. 이야기를 나누는 게 아주 당연한 분위기로 말이지요. 편하게 대화할 수 있으면 자신의 잘못된 생각을 깨닫기도 쉬워서 금방 궤도 수정을 할 수 있습니다. 지금 당장은 굳이 시간을 내기 어려운데, 우리 집에 대화를 나누는 습관이 없다고 생각한다면 단순 정보 공유부터 시작해 보세요. 꼭 자녀를 화제 삼지 않아도 됩니다. 갑자기 부부끼리 양육 방침을 이야기하자고 하면 불만 성토 대회로 흘러 오히려 분위기만 험악해질 수 있습니다. 최근에 읽은 책이나 직장 이야기라도 좋으니, 평소에 어떤 생활을 하는지부터 공유하는 거예요. 그 정도야 평범하게 늘 하고 있다고 생각할지도 모르겠지만, 의외로 내 뜻을 제대로 전하지 않았다거나 듣는 사람 쪽에서도 흘려들었을 때가 많답니다. 또한 가족끼리 캠핑을 하는 등 자연 속에서 이야기를 나누는 것도 좋아요. 여행을 떠나면 이동 시간에 여유 있게 대화를 나눌 수 있습니다. 평소에 집에서는 제대로 마주하고 이야기할 시간을 만들지 못해도, 가족이 함께하는 자체가 목적인 외출이라면 서로 말하기도 편하지 않을까요?

자녀교육에 정답은 없습니다. 그야말로 시행착오의 연속이지요. 고민거리는 앞으로도 수없이 생기겠지만, 항상 자신의 양육 태도를 되돌아보면서 지금보다 더욱 나은 방향으로 나아가겠다는 다짐을 기억하며 전진하세요. 분명 미래의 우리는 오늘의 우리보다 더 대단할 겁니다.

마치며

왜 범죄심리학자가
자녀교육을 논하는가?

끝까지 함께해 주신 독자 여러분, 감사합니다. 어떠셨나요? 이 책은 2022년 여름[8]에 제가 단독 저자로서는 처음으로 일반 독자 대상의 자녀교육서,《아이를 망치는 말 아이를 구하는 말》을 출간한 이후, 자녀교육을 주제로 쓴 두 번째 작품입니다. 전작이 큰 호평을 얻은 덕분에 이 책까지 이어질 수 있었지만, 사실 전작을 내기 전에는 약간의 불안도 느꼈습니다. 서점에서 누구라도 책을 보면 '범죄심리학자가 자녀교육이라고?' 하며 의문이 들진 않을

---

8   국내에서는 2023년 9월에 출간되었다(《아이를 망치는 말 아이를 구하는 말》, 북폴리오, 2023).

까, 이 책의 내용을 편견 없이 받아들여 줄까 불안했거든
요. 그 걱정은 기우로 끝났고 많은 독자가 책을 읽어주었
지만, 몇몇 지인들은 여전히 "왜 교수님이 육아 이야기를
하세요?"라는 질문을 할 때가 있습니다.

책을 끝까지 본 독자들에게 이미 제 뜻은 충분히 전해
졌으리라고 생각합니다만, 그래도 다시 한번 이야기하자
면, 범죄심리학자는 자녀교육에 여러 힌트를 얻는 때가
많습니다. 안타깝게도 비행소년이나 범죄자가 자란 가정
환경을 들여다보다가 배우는 점도 있고, 범죄심리학 역시
심리학에 속하는 분야이기에 중요한 인간 심리와 이어진
육아, 자녀교육을 다루게도 됩니다. 그렇지만 이 설명은
범죄심리학자가 '왜 자녀교육을 논하느냐'는 질문에 대한
단순한 답변에 불과합니다. 여기서 '왜 자녀교육 이야기
를 하는가?'라는 질문을 조금 바꿔보겠습니다. 범죄심리
학자가 '자녀교육을 왜 이야기해야만 하는가?'라고 물을
수 있겠네요. 바꾼 질문과 함께 마지막으로 조금 더 제 이
야기를 들어주시면 좋겠습니다.

평소에 저는 범죄심리학자의 관점을 살려 범죄 예방 전
문가로서 경찰 조직이나 지자체의 자문을 맡고 있습니다.

한때 범죄 예방책은 소위 말해 '범죄 피해를 당하지 않기 위한 방범'이었습니다. 범죄자가 곳곳에 있다는 전제를 두고, 범죄에 어떤 방식으로든 휘말리지 않기 위한, 더 직접적으로는 내가 피해자가 되지 않기 위한 방범이었지요. 즉, 범죄를 예방한다기보다 '범죄로부터 방어한다'는 소극적인 방범이었습니다. 여기서 더 나아가 제가 제창한 것이 바로 '공격하는 방범'이라는 이론입니다. 원래 의미인 '범죄를 막는 방범'이기도 하면서, 쉽게 바꿔 말하자면 '범죄자가 되는 일을 막는 방범'인 겁니다. 이게 무슨 뜻이냐고요? 간단합니다. 지금 당장이라도 범죄를 저지를까 말까 고민하는 사람에게서 범죄를 벌일 마음을 빼앗아 버리자는 뜻입니다. 거리 미화를 하거나 평소에 인사나 운동을 철저히 하는 등등으로 말이지요. 거리를 아름답게 단장하거나 인사하는 일이 그리 대단치 않아 보이지만, 이게 범죄 예방에 상당히 큰 효과가 있습니다. 밝고 환하게 정돈된 거리에는 범죄자가 다니기 어렵고, 자신의 얼굴을 알아보고 빈번히 인사를 나누는 장소를 다닌다면 범죄자 입장에서 검거 위험이 높은 셈이기 때문입니다. 범죄를 당하지 않기 위한 방범에서 범죄자를 만들어내지 않는 방범으로 가자, 이게 바로 제 범죄 예방 연구의 근간입니다.

그런데 이것만 가지고는 충분하지 않았습니다. 그럼 더 앞으로 거슬러 올라가서, 아예 처음부터 범죄를 저지를지 말지 그 갈림길에 서는 사람의 수를 줄일 수는 없을까? 여기에 제가 구한 답은 바로 교육이었습니다. 한마디로 압축하자면 육아나 자녀교육은 훗날 활약할 사회인을 기르는 과정이라고 할 수 있습니다. 책에서 보았듯, 비행이나 범죄에 빠지는 배경에 부모의 양육 태도가 큰 영향을 끼치고 있지요. 그렇다면 육아야말로 범죄 예방과 직결되는 부분이 아닐까요? 즉, 육아는 '미래의 범죄자를 만들지 않기 위한 범죄 예방책'이라 할 수 있습니다. 이것이 제가 범죄심리학자이자 범죄 예방 전문가로서 자녀교육서를 쓴 계기였습니다.

자녀교육 목표를 물었을 때 '우리 아이를 범죄자의 길로 들어서지 않도록' 키운다고 하는 부모는 없을 겁니다. 물론 저도 마찬가지입니다. 두 딸을 키우고 있으면서도 아이들과 범죄 예방 의식을 연결 짓는 일은 없었으니까요. 육아를 일종의 범죄 예방이라고 단언하다니, 학자로서 무모한 행동일지도 모릅니다. 그러나 실제 책으로 정리해 보니 '범죄심리학에서 본 육아론'은 마이너스를 제로로 만드는 범죄 예방 효과만이 아니라, 우리 아이를 더욱 잘 키우는 효과, 즉 제로에서 플러스, 한 가지가 아닌 두 가지 이상의 효과가 있음을 체감할 수 있었습니다. 따라서 첫 책을 집필하며 재미와 유용성을 새삼 깨달은 제가, 바로 두 번째 작품인 이 책을 쓰기로 한 것은 어찌보면 당연한 일이었지요. 꼭 범죄 예방과 연결하지 않더라도 육아는 미래를 위한 투자입니다. 미래 사회에 공헌하는 일이기도 하고요. 이것만큼은 확실합니다.

제 지식을 담은 이 책이 여러분의 자녀에게 더 좋은 미래를 선물해 줄 수 있다면 저자로서 그 이상 기쁜 일은 없을 겁니다. 독자 여러분께 감사를 전하며 글을 마칩니다. 고맙습니다.

좋은 부모는
한 끗이 다르다

초판 1쇄 발행 2024년 6월 3일

지은이   데구치 야스유키
옮긴이   김진아
발행처   북하이브
발행인   이길호
편집인   이현은
편 집   이호정
마케팅   이태훈 · 황주희
디자인   민영선
제작·물류   최현철 · 김진식 · 김진현 · 심재희
재 무   강상원 · 황인수 · 이남구 · 김규리

북하이브는 ㈜타임교육C&P의 단행본 출판 브랜드입니다.
출판등록   2020년 7월 14일 제2020-000187호
주 소   서울특별시 강남구 봉은사로 442 75th AVENUE빌딩 7층
전 화   02-590-6997
팩 스   02-395-0251
전자우편   timebooks@t-ime.com
인스타그램   @time.books.kr

ISBN 979-11-93794-25-8